Estudo de
embalagens para o varejo

Blucher

Robert E. Coles

Estudo de **embalagens para o varejo**

Uma revisão literária

Volume 4

Tradução
Dante Luiz P. Neves
Engenheiro

Título original:
Developments in retail packaging:
rigid and flexible packaging for consumer goods

A edição em inglês foi publicada
pela Pira International Ltd

Copyright 2004© Pira International Ltd
© 2010 Editora Edgard Blücher Ltda.

Blucher

Edgard Blücher *Publisher*
Eduardo Blücher *Editor*
Rosemeire Carlos Pinto *Editor de Desenvolvimento*

Dante Luiz P. Neves *Tradutor*
Fabio Mestriner *Revisor Técnico*
Henrique Toma *Revisor Técnico*

Adair Rangel de Oliveira Junior *Revisor Técnico Quattor*
Danielle Lauzem Santana *Revisora Técnica Quattor*
Yuzi Shudo *Revisor Técnico Quattor*
Marcus Vinicius Trisotto *Revisor Técnico Quattor*
Martin David Rangel Clemesha *Revisor Técnico Quattor*
Selma Barbosa Jaconis *Revisora Técnica Quattor*

Know-how Editorial *Editoração*
Marcos Soel *Revisão gramatical*
Lara Vollmer *Capa*

Segundo Novo Acordo Ortográfico, conforme 5. ed.
do Vocabulário Ortográfico da Língua Portuguesa,
Academia Brasileira de Letras, março de 2009.

Rua Pedroso Alvarenga, 1245, 4º andar
04531-012 – São Paulo – SP – Brasil
Tel 55 11 3078-5366
editora@blucher.com.br
www.blucher.com.br

É proibida a reprodução total ou parcial por quaisquer meios,
sem autorização escrita da Editora.

Todos os direitos reservados pela Editora Edgard Blücher Ltda.

Dados Internacionais de Catalogação na Publicação
(Câmara Brasileira do Livro, SP, Brasil)

Coles, Robert E.
  Estudo de embalagens para o varejo : uma revisão literária / Robert E. Coles ; tradução Dante L. P. Neves. – São Paulo : Editora Blucher, 2010.

  Título original: *Developments in retail packaging:* rigid and flexible packaging for consumer goods.

  ISBN 978-85-212-0442-8

  1. Embalagens 2. Embalagem flexível 3. Embalagens – Varejo I. Título

08-6310   CDD-688.8

Índice para catálogo sistemático:
1. Embalagem de varejo: Embalagem flexível e rígida: Tecnologia   688.8

A grande finalidade do conhecimento
não é conhecer, mas agir.

Thomas H. Huxley

Dedicamos o resultado deste trabalho a toda a cadeia produtiva
de embalagens: fornecedores de matéria-prima, indústria,
transporte e fornecedores de embalagens, indústria gráfica
e usuários, que, a partir desta experiência, contarão com
mais subsídios para usufruto e inovação na produção
e no consumo das embalagens.

Agradecemos a todos que se envolveram no processo de pesquisa
e desenvolvimento da Coleção Quattor, em especial as empresas
Editora e Gráfica Salesianas, Editora Blucher,
Gráfica Printon, Vitopel, EBR Papéis,
Know-How Editorial e Gráfica Ideal.

Agradecemos em especial a dedicação incondicional
de Roberto Ribeiro, Andre Luis Gimenez Giglio, Armando Bighetti e
Gustavo Sampaio de Souza (Quattor), Sinclair Fittipaldi (Lyondell Basell),
José Ricardo Roriz Coelho (Vitopel), Marcelo Trovo (Salesianas),
Renato Pilon (Antilhas), Celso Armentano e
Gerson Guimarães (SunChemical do Brasil),
Fabio Mestriner (ESPM), Douglas Bello (Vitopel),
Sr. Luiz Fernando Guedes (Printon),
Sr. Renato Caprini (Gráfica Ideal),
e aos editores Eduardo Blucher e
Rosemeire Carlos Pinto (Editora Blucher).

prefácio da
edição brasileira

Imagine a sua vida sem as embalagens: todos os produtos vendidos a granel, expostos em prateleiras e sem identificação do fabricante ou data de validade.

Impossível? Certamente. Pela relação vantajosa mútua, produto e embalagem assumiram uma relação de simbiose. Arriscamo-nos a dizer que a quase totalidade de transações comerciais atuais não ocorreria sem a presença das embalagens e sem o seu constante aperfeiçoamento. Os prejuízos seriam incontáveis, não somente do ponto de vista financeiro mas também da saúde pública e da conveniência e conforto para nossas vidas.

É longa e criativa a trajetória humana no campo das embalagens. Das demandas iniciais até a sofisticação atual, voltada ao atendimento dos setores comercial e de transporte de produtos, contam-se mais de 200 anos. Da primeira folha vegetal *in natura* e das caixas de madeira, passando por artísticos potes de cerâmica, latas e vidros de alimentos, até a profusão de materiais empregados atualmente, inclusive com apoio da nanotecnologia, muito se experimentou e se descobriu. Um dos mais bem-sucedidos exemplos dessa trajetória diz respeito às embalagens plásticas, que vêm revolucionando e contribuindo para a geração de valor das diversas cadeias em que estão presentes, proporcionando mais segurança aos usuários, além de aumento do *shelf-life*.

Pesquisas brasileiras indicam que 85% das escolhas do consumidor são feitas no ponto de venda, apoiadas no binômio marca-fabricante, mas de forma associada a outro: design–apelo visual, características facilmente alcançadas quando a embalagem incorpora a nobreza do plástico. Da mesma forma que o plástico influencia a decisão de compra, influenciou a Quattor a celebrar esta parceria com a Editora Blucher, para trazer ao mercado a Coleção Quattor Embalagens que, além disso, cumpre o importante papel de minimizar a lacuna bibliográfica brasileira sobre o tema.

A Coleção Quattor Embalagens é formada por cinco volumes: *Embalagens flexíveis*, *Nanotecnologia em embalagens*, *Materiais para embalagens*, *Estudo de embalagens para o varejo* e *Estratégias de design para embalagens*. O leitor ou o pesquisador interessado está na iminência de iniciar uma verdadeira viagem por um dos mais importantes setores da economia mundial.

Bem-vindo ao mundo da Nova Geração da Petroquímica: o melhor em matérias-primas para produção de embalagens, o melhor em informação para produção de conhecimento.

Marco Antonio Quirino
Vice-Presidente Polietilenos

Armando Bighetti
Vice-Presidente Polipropilenos

prefácio da
edição americana

O ambiente econômico do mundo governa a indústria de embalagens. Aspectos-chave incluem abolição das restrições de mercado, livre movimentação de capital, troca de informação tecnológica, pressões de preço, competitividade, habilidade inovadora, crescimento irrestrito em mercados emergentes e globalização de produtores de bens de consumo e cuidados com a saúde. Considerando esse ambiente, a indústria de embalagem enfrenta seis cenários:

- consolidação da indústria;
- economia de escala;
- foco em crescimento e competitividade;
- busca por eficiência de custo melhorada;
- necessidade de criar valores de consumo;
- legislação em sucata e segregação de embalagem.

Os fabricantes de embalagem são forçados a achar soluções criativas assim como lidar com reduções de escala e padrão. Essa revisão cobre recentes vantagens em materiais flexíveis e plásticos rígidos para as embalagens de bens de consumo nas dimensões do varejo. Os maiores usuários são provavelmente companhias multinacionais. De uma maneira ou de outra, suas necessidades misturam-se em todos os seis cenários citados, que também requerem uma indústria de embalagem local funcionando totalmente. Com poucas exceções, somente um número limitado de fornecedores será permitido. Indiretamente, essa restrição está sendo dirigida pela União Europeia, que está se empenhando para a harmonização de normas de embalagem através dos Estados-membros. Isso encorajará as tendências existentes por meio de arranjos de compras pan--europeias pelo grupo de consumidores – especialmente as multinacionais –, ou seja, a indústria de embalagem deve entender as necessidades das companhias internacionais local e globalmente. Especificações centrais, compra global de setores e, até mesmo, o fornecimento total global estão sob essas considerações. A inovação permanece como uma parte essencial: é dirigida pelo desejo do fabricante de maximizar o reconhecimento da marca, apresentação e proteção do produto, e, ao mesmo tempo, minimizar custos e impactos ambientais.

A indústria de embalagem continua a progredir. O uso de plásticos é bem maior do que 30% de todos os materiais utilizados. Novas ideias, assim como adaptações daquelas já conhecidas, são as que mais contribuem para que a indústria cumpra a legislação e atenda às necessidades de seu consumidor número um: o varejista. Maiores do que as necessidades do varejista são as do consumidor final. O desenvolvimento conjunto entre companhias de embalagens e fabricantes de produtos tem procurado assegurar que os avanços perseguidos sejam aqueles almejados pelo embalador ou consumidor. Evita-se, assim, o desperdício de esforços com ideias descartadas.

Durante a década de 1990, o desenvolvimento de plásticos rígidos e materiais flexíveis para embalagem de varejo teve que prestar atenção em vários tópicos: maiores demandas pela conveniência do consumidor, inclusive o crescimento do uso do forno micro-ondas; segurança do

xvi

estudo de **embalagens para o varejo**

consumidor; dispositivos de segurança para evidenciar violação; e a preservação de recursos (menos material usado, mais reciclagem etc.).

Maior consciência global, racionalização industrial e pressões de recessão têm ajudado todos a criar novas oportunidades que se somam aos tradicionais recursos de desenvolvimento nas companhias. Isso inclui:

- sinergia dentro das companhias do grupo;
- diversificação de companhias;
- *joint ventures*;
- mais uso de materiais compostos;
- questões ambientais.

Liderança tecnológica é a chave para o sucesso da indústria de embalagens (*Van Leer Annual Report* – 1998). Como as companhias têm se unido, o conhecimento tecnológico ou material adquirido em uma indústria cria sinergias em outras. Por exemplo, em 1999, Rexam disse: "Esse negócio de embalagens de cosméticos (plásticos rígidos) tem beneficiado enormemente o conhecimento da vidraria, seguindo sua compra de PLM". Vários benefícios podem não ser vistos no pacote final, mas incluem maior eficiência de produção e técnicas de fabricação melhoradas ou alternativas.

Algumas sinergias têm acentuado a perfomance e as propriedades dos materiais. Menos material é utilizado para as necessidades requeridas da embalagem. Usar menos material significa custo reduzido e a preservação de matérias-primas valiosas para futuras necessidades.

A diversificação da companhia tem levado a novas oportunidades. Enquanto alguns movimentos foram admitidamente forçados, outros têm vindo ao encontro da austeridade de companhias racionalizadas em suas operações. A venda de uma companhia adicionou novas tecnologias ou criou novos mercados para os novos donos. Evitar perdas significativas de mercado, como as mudanças das preferências do consumidor, instigou as companhias a entrarem em novos mercados. A substituição de caixas por garrafas PEAD e PET em alguns mercados de embalagem de líquidos é um bom exemplo.

"Através das paredes" ou produção local de embalagem rígida não encaixável, especialmente frascos, é bem consagrada agora. Analistas financeiros descrevem as futuras políticas de investimento dos laticínios britânicos (UK) como "demandas reunidas dos supermercados e, sem dúvida, não apontadas nas entregas em domicílio". Isso significa mais frascos de PEAD com tampa de rosca do que caixas ou frascos de vidro. Na Itália, a embalagem de leite está mudando igualmente, mas para frascos PET transparentes.

Algumas mudanças de embalagem podem ser pensadas para estar em um estágio mais avançado do que é hoje. Ao redor do mundo, os produtores de cerveja estão usando frascos plásticos – também regularmente para um pacote particular, ou de maneira experimental. Entretanto, o uso pretendido para esses produtos é limitado às ocasiões especiais, como festas e eventos esportivos. A substituição das latas de metal convencionais e dos frascos de vidro tem ainda um longo caminho a ser percorrido. A Shell diz que "a euforia inicial sobre prospectos da PEN aponta para expectativas irreais ainda não realizadas. Hoje, PET para frascos de bebidas carbonatadas é dado como certo; dez anos se passaram antes que a penetração de 50% fosse alcançada".

Muitas companhias de embalagem têm *joint ventures* em países em desenvolvimento. Os recipientes, filmes e lâminas produzidos estão sendo exportados mundialmente. O resultado é fornecedores novos e competitivos. Alguns destes estão até mesmo vendendo em mercados locais dos proprietários das *joint ventures*.

prefácio da edição americana

Hoje, muitos pacotes são de materiais de compostos híbridos, como os plásticos flexíveis ou rígidos combinados com os materiais de embalagem não plástica, isto é, vidro, metal e papel. Frascos de vidro revestidos com polímeros, latas de bebidas feitas da lâmina de chapa de aço/filme PET e fechamentos plásticos para recipientes de papelão são exemplos de desenvolvimentos recentes de pacotes bem-sucedidos. Os revestimentos de plástico nos frascos de vidro podem mudar a aparência, reduzir desgastes, prevenir rupturas e ajudar a fornecer uma barreira à luz UV. Filme PET e placa de aço laminada em um ou ambos os lados permitem que uma placa mais clara seja usada para latas e extremidades da lata. Com isso melhoram também níveis de compatibilidade de recipientes ou produtos.

Há uma década, recipientes de papel selado, como caixas de embalagens de líquido e copos de papel, eram difíceis de abrir e alvo de brincadeiras. A inclusão, hoje, de fechamentos moldados por injeção praticamente eliminou tais problemas. Mais vantagens podem até ser desprezadas, tão maior é a melhoria alcançada. A Tetra Pak liderou com sua caixa Tetra Top (usada primeiro na Bélgica e no Japão em 1983). Ela escolheu o Japão novamente em 1998 para uma de suas últimas caixas: Tetra Top Mini Grand Tab. Como a Tetra Top, o topo de PE da Mini Grand Tab é moldado sobre um *blank* de caixa na linha de montagem de pacotes. As tampas com rosca ou com dobradiça integral de PP em caixas têm sido vistas em dupla finalidade. Primeiro usadas só para fornecer um fechamento conveniente, elas agora fornecem evidências de violação também. A maioria confia em um simples rompimento de tira. A "Tampa de giro" difere. Testada extensivamente pela Tetra Pak na França em 1998, essa tampa com rosca está sendo agora mais largamente usada. Uma vez aberta, nunca retorna à posição original, travada. As caixas adulteradas podem ser notadas imediatamente. Um outro desenvolvimento da Tetra Pak foi visto pela primeira vez em 1999, na Europa. Flexicap é uma tampa retornável de PE articulado no topo de uma caixa quadrada, Tetra Brik. A parte dianteira da articulação tem uma curta e quebrável extensão em ângulo reto, a qual é selada a quente no painel lateral da caixa. Levantando-se a articulação para abrir a caixa, a extensão quebra simultaneamente. Como tampa de giro, a Flexicap faz que fique visível se uma caixa já foi aberta. Seus mecanismos diferem: tampas de giro têm posições fechadas "e abertas" de mercado; com a Flexicap, a dobradiça quebrada é o indicador.

Em todo o mundo, questões ambientais incluem a legislação e a necessidade de conservar matérias-primas. A última ajuda para baixar o custo de fabricação abrange a reciclagem industrial pós-consumo (residencial). Alguns projetos de recipientes rígidos incorporam agora a colapsabilidade de uso do pós-consumidor, fator importante em que os volumes de desperdício doméstico são taxados ou nos quais o espaço de despejo é escasso. Tais projetos podem até mesmo incluir os dispositivos de impedimento de construção que asseguram um recipiente dobrado, fechado e vazio, não podendo reverter para sua forma 3-D original.

Os mercados para plásticos biodegradáveis e seus usos ainda são relativamente pequenos. Entretanto, apesar do conflito aparente com conservação e reciclagem, muitos dos principais produtores e usuários finais foram levados a examinar seu potencial. Biodegradáveis já são usados extensamente por toda a Europa, apesar de o seu desenvolvimento de produto estar longe de se completar. De acordo com o analista de pesquisa da Frost & Sullivan, Dr. Ian Hancock, "Não se pode enfatizar demasiadamente a importância de compostos para polímeros bioplásticos. De longe, seu mercado principal está nas bolsas ou sacas de compostos para o lixo orgânico do jardim ou da casa. Atualmente, outros artigos biodegradáveis, tais como cartões de crédito, talheres ou navalhas, podem ir para os locais de aterro somente em países que, como o Reino Unido, não têm o nível requerido de infraestrutura de compostagem".

R. E. Coles

apresentação

As empresas atuantes no segmento de produtos de consumo estão sempre em busca de ações que possam transformar cada contato do consumidor em uma oportunidade de construir laços mais positivos, que gerem preferência e fidelidade às suas marcas e produtos.

Nessa procura, elas encontram novas formas de utilizar as embalagens dos seus produtos, a fim de reforçar suas estratégias de marketing, aumentar as vendas e manter relações intensas e duradouras.

Hoje, a descoberta de várias possibilidades de utilização da embalagem é objeto de trabalho de estudiosos e especialistas, os quais se dedicam a expandir fronteiras. Isso acontece porque, além de conter, proteger e fazer com que os produtos cheguem até a casa dos consumidores em perfeitas condições de consumo, a embalagem pode ser utilizada como uma poderosa ferramenta de marketing e de veículo de comunicação, contribuindo ainda mais para o desempenho do produto no mercado.

A relação da embalagem com o varejo e sua contribuição ao processo de compra no ponto de venda merecem ser avaliadas com mais cuidado, pois o varejo, com suas estruturas, tem hoje um papel preponderante na sociedade de consumo, razão pela qual a Editora Blucher, ao lançar esta coleção, presta uma inestimável contribuição à área de embalagem, uma vez que são livros que, por sua qualidade editorial e abrangência de temas, constituem um valioso acervo de conhecimento.

A Coleção Quattor Embalagem traz uma abordagem interessante sobre o varejo, ampliando a literatura existente e abrindo novas possibilidades de entendimento do tema.

Estou feliz em apresentar esta obra, pois tenho certeza que ela será uma relevante fonte de informação.

A embalagem assume uma importante tarefa a desempenhar no varejo, mas, por sua complexidade multidisciplinar, precisa de profissionais qualificados para conduzir seus programas de aplicação. Formar uma nova geração de profissionais é um serviço árduo, porém indispensável, e que exige dedicação e uma bibliografia especializada. Estamos fazendo isso com bastante ânimo.

Fabio Mestriner
Professor-coordenador do Núcleo de Estudos da Embalagem da Escola Superior de Propaganda e Marketing (ESPM) e professor do Curso de Pós-graduação em Engenharia de Embalagem da Escola de Tecnologia Mauá.

como usar as
referências

Com o objetivo de identificar ideias abstratas que são particularmente relevantes para o interesse do leitor, cada uma delas é referida no texto com um número entre parênteses.

Os resumos correspondentes a esse número entre parênteses fornecem um sumário informativo do documento original. Somente os resumos na língua inglesa e artigos mais longos do que uma página estão selecionados.

Na maioria dos casos, uma cópia do documento original pode ser obtida no Pira Information Centre. Documentos podem ser requisitados por correio, fax, e-mail ou pelo telefone. Todos os pedidos são despachados normalmente dentro de 48 horas após o recebimento pelo correio de primeira classe do Reino Unido ou via mala-direta aérea. Os documentos fornecidos por esse serviço estão em seu idioma original.

Para mais informações, contate:

Diana Deavin

Business Manager

Information Services

Pira International

Randalls Road

Leatherhead

Surrey KT22 7RU

UK

Tel: +44 (0) 1372 802050

Fax: +44 (0) 1372 802239

E-mail: information@pira.co.uk

http://www.pira.co.uk/

conteúdo

Lista de figuras   xxv

Lista de tabelas   xxvii

Abreviações e acrônimos   xxix

Introdução   xxxi

1 Materiais para embalagens plásticas rígidas e flexíveis   1

Embalagem semirrígida   1

Materiais de embalagem flexível   2

Materiais de embalagens plásticas rígidas   2

Adicionando propriedades de barreira para filmes, frascos e garrafas plásticas   3

   Tipos de barreira   3

Absorvedores de oxigênio   4

   História do desenvolvimento dos absorvedores   4

   Os absorvedores disponíveis   5

Poliolefinas catalisadas por metaloceno   6

   História   6

   Benefícios primários de polímeros   6

   Benefícios secundários de polímeros   7

   Filmes de plastômero – propriedades e usos   8

   As evoluções futuras do filme "metaloceno"   8

   Os PP metaloceno-catalisados para filmes   9

   Níveis de consumo   10

   Previsões futuras   10

Plásticos biodegradáveis   10

   Conhecimento   10

   Tipos de polímeros biodegradáveis   11

Agentes expansores e nucleantes   11

Pigmentos iridescentes   12
Agentes antimicrobiais   12

2 Processamento   13

Fabricação de embalagem de plástico flexível   13
Fabricação de embalagem rígida   14
  Moldagem   14
  Moldagem por injeção de multicomponentes (coinjeção e bi-injeção)   14
  Sobremoldagem   16
Inovações recentes na área de moldagem   17
  Recipientes expandidos   17
  Frascos e recipientes preenchíveis a quente   18
Termoformagem   18
Etiquetas *Inmould*   19
Tratamento de superfície de embalagem flexível e/ou rígida   19
  Tratamento corona   19
  Tratamento de plasma   20
  Novas técnicas de plasma   21
  Níveis de barreira melhorados de filmes revestidos   23
Recipientes de barreira   26

3 Tipos de embalagens rígidas e flexíveis   29

Embalagens de bens de consumo   29
Embalagem flexível para bens de consumo   29
Embalagem rígida para bens de consumo   30
Pacotes de autoventilação (pacotes com válvulas embutidas)   31
Recipientes híbridos   31
Filmes plásticos de barreira   31

4 Aplicações de embalagens flexíveis   33

Mudanças no mercado de pacote dirigido com embalagem flexível   33
Embalagem flexível para produtos perecíveis   35
Embalagem de Atmosfera Modificada (MAP)   35

Bolsas no formato do produto   36

Tampas de pote de laticínios, sem alumínio, pré-cortadas   37

Bolsa de "sensação acetinada"   37

Filme "como papel"   37

Filme "abre fácil"   37

Selos destacáveis   38

Pacotes à base de adesivo resselável   38

Selo zip de escape-livre   39

Redução de infecção   39

Filmes de embalagem de torção   39

Pacotes farmacêuticos de *blister*   40

Filme de celulose   41

Fibras tecidas e não tecidas   41

Sacos de chá e café   42

Aplicações de aquecimento de micro-ondas   42

Embalagem de micro-ondas de autoventilação   42

Os aditivos de processos ajudam a manufatura eficiente   43

5 Aplicações recentes de embalagens plásticas rígidas   45

Moldagem e termoformagem   45

Recipientes expandidos   45

Rebaixos   46

Pacotes de dois componentes   48

Embalagem miniaturizada   48

Frascos PET e PEN para bebidas carbonatadas   49

Agentes clarificantes   49

Aditivos de processamento e frascos PET   50

Copos de plásticos biodegradáveis de laticínios   50

6 Pacotes híbridos   51

Aplicações recentes de combinações híbridas de plástico e papelão   51

Folha/papel/plástico   51

Papel/plástico   52

Papel + fechamentos plásticos   53

Combinações funcionais de "todo plástico"   54

Usos de APET   54

Processamento mais rápido e propriedades físicas melhoradas   55

7 Avanços recentes e futuros   57

Inovações recentes   57

Nenhum revestimento de selo a calor é necessário para bolsas farmacêuticas, destacáveis, seladas   57

Bolsa flexível para cerveja e refrigerantes   57

Recipiente com dose controlada   58

Novos desenvolvimentos de polímeros biodegradáveis   58

Novos polímeros de olefina   59

Polímeros de desempenho elevado   59

8 Mercados e consumo de embalagens   61

Conhecimento de mercado   61

Modelos de crescimento   62

Perspectiva do mercado   63

Mercado futuro para plásticos biodegradáveis   63

Resumos   65

lista de
figuras

1

Figura **1-1**

Desempenho de barreira dos principais polímeros usados em embalagem   3

Figura **1-2**

A ação de Oxiguard em pacotes selados   6

Figura **1-3**

Resistência melhorada a perfurações   7

Figura **1-4**

Resistência melhorada de selagem a quente   8

2

Figura **2-1**

Bi-injeção   15

Figura **2-2**

Processos de sobremoldagem   16

Figura **2-3**

Comparação de superfícies de filme BOPP tratadas com corona padrão de ar versus composições de Aldyne   20

Figura **2-4**

Representação de camada de revestimento de barreira ACTIS (baseada numa fotografia tomada por microscópio de elétrons)   22

Figura **2-5**

Comparativo das taxas de transmissão de oxigênio   25

Figura **2-6**

Comparativo das taxas de transmissão de vapor de água   25

Figura **2-7**

Estrutura de Hostaphan RHB 12   26

Figura **2-8**

Propriedades de barreira funcional de um frasco de seis camadas coextrudado   27

Figura **4-1**

Doypack estilo standing pouch *com "rasga-fora" estendido na área de selo a quente superior*   34

Figura **5-1**

Usável em micro-ondas, copo de PP expandido termoformado para sopa   46

Figura **5-2**

Recipientes moldados por injeção, estiramento e sopro com rebaixos e, se requerida, rosca interna   47

Figura **5-3**

Primeiros frascos de uma peça de ISB com alças integradas   47

Figura **6-1**

Caixa Tetra Top Mini Grand Tab com topo Inmould *de PE*   52

Figura **6-2**

Caixa Tetra Brik Aseptic Square SpinCap   53

Figura **6-3**

Fechamento SpinCap: seu indicador e mecanismo visual de evidência de violação   54

lista de
tabelas

2

Tabela **2-1**

Revestimentos inorgânicos em filme PET 23

Tabela **2-2**

Revestimentos de barreiras inorgânicos em filme OPP 24

4

Tabela **4-1**

Barreira ao vapor de água de laminados planos para pacotes blister 40

Tabela **4-2**

Barreira ao vapor de água de PCTFE NT versus *filme de PVdC* 40

8

Tabela **8-1**

*Europa Ocidental – tendência em materiais de embalagem flexível
(% unidade de área de cada tipo de material)* 62

Tabela **8-2**

Consumo europeu de polímeros plásticos como materiais de embalagem 62

abreviações e
acrônimos

ABS	copolímero de acrilonitrila-butadieno-estireno
ACTIS	tratamento de carbono amorfo na superfície interna
AFT	tecnologia de filme adaptável
ALM	*Algroup Lawson Mardon*
APET	poli(etileno tereftalato) amorfo
APNEP	*Atmospheric Pressure nonEquilibrium Plasma*
BOCCT	BOC Coating Technology
BOPP	polipropileno biorientado
CCS	*clean-clic systems*
COCs	copolímeros ciclo-olefínicos
CPET	poli(etileno tereftalato) cristalizado
CRC	fechamento resistente às crianças
CVPD	deposição de plasma de vapor químico
DLC	carbono como diamante resistente ao calor e ultrafino
EAT	*EA Technology*
EPS	poliestireno expandido
EVOH	copolímero de etileno e álcool vinílico
FDA	Food and Drug Administration
HACCP	pontos de controle críticos de análise de perigo
HMS	*High Melt Strenght*
ISB	moldagem por injeção, estiramento e sopro
LCP	polímero líquido-cristalino
MAP	embalagem de atmosfera modificada
NCC	*Nippon Crown Cork*
NEP	plasma não equilibrado
OPA	poliamida orientada
OPP	BOPP

PAN	poliacrilonitrila
PCTFE	policlorotrifluoretileno
PEAD	polietileno de alta densidade
PEBD	polietileno de baixa densidade
PELBD	polietileno linear de baixa densidade
PECVD	deposição de vapor químico de plasma realçado
PEEK	poli(éter-éter-cetona)
PEK	poli(éter-cetona)
PEN	poli(etileno naftalato)
PET	poli(etileno tereftalato)
PLA	poli(ácido lático)
PP	polipropileno
PS	poliestireno
PTP	*press through Pack*
PTT	tereftalato de trimetileno
PVC	poli(cloreto de vinila)
PVD	processo físico de deposição de vapor
PVdC	poli(cloreto de vinilideno)
PVOH	poli(álcool vinílico)
QFL	filme de quartzo transparente
SABIC	*Saudi Basic Industries Associate*
SEBS	copolímero de estireno-etileno/butadieno-estireno
VFFS	*form-film-seal* vertical

introdução

Esta obra, revisada e atualizada, fornece as mais recentes descobertas no campo dos materiais plásticos e as tendências na área, e proporciona um conhecimento razoável do assunto. Algumas particularidades acerca dos principais materiais usados hoje também estão descritas aqui, mas não tão detalhadamente.

Não muito tempo atrás, havia apenas duas abordagens para as embalagens: um produto era acondicionado em um recipiente rígido, ou envolto em material flexível. Atualmente, essas duas embalagens são frequentemente combinadas em envoltórios híbridos: os dois conceitos básicos permanecem, mas agora fazem parte de uma gama muito mais ampla de estilos possíveis de pacotes e suas aplicações. Alguns híbridos são feitos, predominantemente, de plásticos rígidos, cujo suporte é composto por um pouco de material flexível. Outros são pacotes flexíveis sustentados por material rígido ou por preenchimento de plástico. A moldagem por injeção de vários componentes, unindo materiais rígidos e flexíveis, como PP rígidos e um elastômero semelhante à borracha, é também hoje utilizada. A sensação macia ou *squeeze here* de um pacote de cosméticos é mais um exemplo. A moldagem por coinjeção, bi-injeção e sobreinjeção é uma tecnologia ainda em crescimento, a qual permite não apenas diferenciar os materiais, mas também as cores – tanto do mesmo quanto de polímeros diferentes. Em geral, materiais incompatíveis podem ser combinados, desde que se utilizem, necessariamente, as características de interferência mecânica para mantê-los juntos: por exemplo, o ombro de um tubo de pasta de dente tem uma camada de barreira PET interna sobreinjetada com polietileno (incompatível). Qualquer que seja a combinação, a necessidade de o pacote conter e proteger eficazmente o produto acondicionado dentro dele permanece de suma importância. Essa necessidade significa que a moldagem por injeção de multicomponentes tem um considerável compromisso: como adicionar uma barreira enquanto se fornecem meios potencialmente seguros de uso dos materiais reciclados que não estão em contato com o produto?

Expectativas do consumidor

Talvez isto nem sempre tenha sido percebido, mas hoje, consumidores e indústria têm maiores expectativas quanto à embalagem. Essas expectativas dizem respeito não só à qualidade, mas também ao desempenho funcional – a última gama das propriedades dos materiais e projetos de embalagem. Um exemplo disso é que, em todo o mundo, a demanda para produtos plásticos feitos de dois materiais diferentes ou em duas cores diferentes está aumentando gradualmente – e as embalagens plásticas estão na vanguarda de tal uso. Apesar de embalagens médicas, de toalete e de cosméticos terem liderado o mercado durante algum tempo, hoje, o uso diário de uma escova de dentes de duas cores por uma criança certamente reduziu o conceito de dois componentes para "padronizar" no subconsciente de consumidores finais. Logo, embalagem de gênero alimentício terá também duas cores. Talvez a França seja o primeiro país a embarcar nessa "nova onda" das embalagens: sua associação com o universo da moda já é sinônimo de "com cor". Tal característica já pode ser facilmente obtida com moldados por injeção: por exemplo, pacotes de bandeja pronta para manteiga e queijo. A ideia é que uma placa com base colorida separada (ou prato) – geralmente com uma tampa diferente moldada colorida – tenha apenas um encaixe por atrito. Outros projetos de pacote são mais sofisticados, com juntas de dobradiça ou dispositivos tipo "gire e torça para separar antes de abrir". Para qualquer um que já tenha visto esse tipo de embalagem, os pacotes moldados de dois componentes devem parecer apenas uma etapa à frente. A ideia, naturalmente, não é nova. Itens com dois componentes, embalagens ou equivalentes, existem há décadas. Entretanto, tais itens eram feitos à mão ou produzidos por meio de difíceis processos de acabamentos secundários. Assim, eles carecem por completo de toda a *finesse* disponível do que, para padrões passados, existe hoje na indústria de embalagens plásticas ultrassofisticadas.

1

materiais para embalagens plásticas
rígidas e flexíveis

Muitos materiais compõem as embalagens rígidas e flexíveis. Isso é verdade até mesmo para materiais não plásticos, usados em combinação com o plástico. O atual número de polímeros utilizados para a confecção de embalagens é enorme, porém, existem sete tipos principais. Muitos produtos diferentes são usados, dependendo da aplicação:

- *polietileno (PEBD, PELBD, PEAD)*: largamente utilizado em recipientes moldados, como frascos, tampas, bolsas, sacos e filmes plásticos (para envolver) em geral;

- *polipropileno (PP, OPP)*: muito utilizado em frascos, recipientes, tampas, filmes de alta barreira à água e resistentes à gordura;

- *poli(cloreto de vinila) (PVC)*: usado em filme *shrink* transparente, frascos de xampu, bisnagas para cosméticos e artigos de toalete em geral; seu uso em frascos de bebidas e de água mineral está perdendo espaço rapidamente para o PET;

- *poli(etileno tereftalato) (PET)*: usado em frascos de laticínios, jarras, filmes plásticos (para envolver) e bandejas;

- *poliestireno (PS)*: utilizado em potes de laticínios, copos plásticos, bandejas para refeições leves, embalagens de ovos; também usado em produtos expandidos, copos e recipientes de isolação térmica;

- *acrilonitrila-butadieno-estireno (ABS)*: era a escolha natural para recipientes de margarina, mas agora o polipropileno tem substituído muito esse material no mercado;

- *etileno e álcool vinílico (EVOH)*: usado em embalagens rígidas e flexíveis compostas por multicamadas capazes de prover uma barreira ao oxigênio; recentemente, tem sido utilizado com frequência como substituto do PVdC (*policloreto de vinilideno*).

Embalagem semirrígida

Além da embalagem flexível e rígida existe também um terceiro grupo importante: as embalagens semirrígidas. A rigidez do pacote varia dependendo do projeto estrutural, da espessura e das propriedades do material. Mesmo "caixas rígidas", que atualmente são semiflexíveis, podem ser funcionalmente aceitáveis.

estudo de **embalagens para o varejo**

Da mesma forma, o conceito de embalagem flexível também tem mudado. Há, hoje, um excesso de pacotes autossuportados (estáveis) feitos inteiramente de materiais flexíveis ou semirrígidos (3). Os líquidos acondicionados em bolsas estáveis de fundo reforçado são exemplos típicos disso. Os multipacotes podem consistir de materiais rígidos e flexíveis. Dois ou mais pacotes individuais rígidos, utilizados no varejo, estão dentro de uma capa exterior flexível de filme de papel ou de filme plástico, pois é desejável deixar que os consumidores vejam os pacotes internos, até mesmo os finos, e a chapa plástica semirrígida pode ser usada.

Materiais de embalagem flexível

Existem cinco tipos principais de materiais de embalagem flexível utilizados em embalagens de bens de consumo:

- ▸ folha de alumínio;
- ▸ folha de papel;
- ▸ filme ou chapa de plástico (polietileno, polipropileno e polietileno tereftalato);
- ▸ combinações de multicamadas de folha, chapa ou filme de papel e filme plástico;
- ▸ extrudado, tubo flexível (para corpos de tubo compressível).

A divisão entre filme plástico ou chapa é de mais ou menos 250 mícrons. Produto extrudado até esse nível é identificado como filme, enquanto acima desse nível é identificado como chapa, mesmo que ainda seja provável ser flexível até 400-500 mícrons.

O alumínio ou o papel são raramente usados sozinhos. Se não fizer parte de uma multicamada, a folha de alumínio ou de papel geralmente tem uma camada fina de revestimento de PE, PP ou PET. Isso ajuda a impedir perfurações e fornece uma superfície de selagem por calor. Quando usado em multicamadas, o papel fornece rigidez a um custo relativamente barato. Até os anos 1970, a folha de alumínio também forneceu rigidez – as espessuras eram entre 12,5 e 15 mícrons. Desde então, os avanços tecnológicos reduziram as espessuras da folha para 6 mícrons (até mesmo 5,5 mícrons são possíveis agora). Sua contribuição em rigidez é, hoje, muito menor.

Os materiais flexíveis são bastante usados desde que possam fornecer ao produto a proteção desejada, sejam leves, tenham custos relativamente baixos e um volume físico pequeno. Depois do uso, eles são facilmente compactados. E durante a fabricação, com frequência requerem menos energia do que é preciso para fazer recipientes de plásticos rígidos com uma capacidade similar.

Materiais de embalagens plásticas rígidas

Frequentemente, os materiais mais usados são polietileno, polipropileno, policloreto de vinila e poliestireno. O PET está rapidamente substituindo o PVC em frascos de bebidas e estabelecendo-se no mercado de bandejas duplas de forno. Entretanto, trata-se de um material relativamente novo, pois nos anos 1990 foi mal utilizado.

Adicionando propriedades de barreira para filmes, frascos e garrafas plásticas

Tipos de barreira

A barreira de embalagens plásticas pode ser aumentada de várias formas. Diversas técnicas, mais novas, podem ser adicionadas a processos tradicionais, tais como revestimentos, coextrusão e laminação por imersão. As técnicas mais recentes incluem sobremoldagem, deposição a vácuo, deposição de plasma e misturas de polímeros, assim como "polímeros de barreira", recentemente desenvolvidos. Os absorvedores de oxigênio podem, também, ser incorporados a filmes e às paredes de tampas ou de recipientes comumente usados em separado, como sachês, etiquetas ou sacos de tampa.

A Figura 1-1 mostra o desempenho da barreira dos polímeros hoje disponíveis e usados em embalagem. O PVdC tem o melhor desempenho de todos, mas não é apropriado para todos os processos de embalagem, pois é termicamente instável à umidade. Um revestimento de 1 μm em filme PET fornece taxas da transmissão de 3 cc/m²/24h em 50% de RH e a 23 °C. Um revestimento de 5 μm cai a uma taxa abaixo de 1 cc, sob as mesmas circunstâncias. Um inconveniente específico para o PVdC em países como o Japão é sua alegada contribuição à formação de dioxinas quando da incineração de dejetos.

Figura **1-1**

Desempenho de barreira dos principais polímeros usados em embalagem

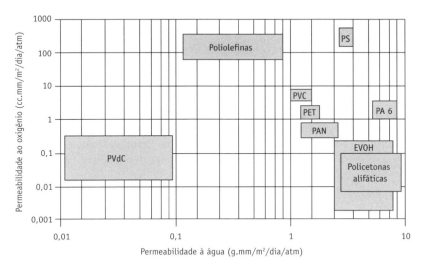

Fonte: BP-Amoco

Os últimos 20 anos viram que o etileno-álcool vinílico (EVOH) aparece como o principal concorrente do PVdC e como provedor de uma barreira ao oxigênio, tanto em filmes plásticos (para envolver) quanto em chapas coextrudadas termoformáveis, produtos que competem diretamente. No caso de frascos e de recipientes soprados por extrusão, temperaturas mais altas de processamento impossibilitam o uso de PVdC (por causa da sua instabilidade térmica).

4
estudo de **embalagens para o varejo**

Entretanto, coextrusões de barreira, com uma camada de barreira de núcleo de EVOH, são bastante usadas. Dois dos últimos produtos de EVOH oferecem, para filmes e frascos, respectivamente, barreira ao oxigênio e propriedades de antidelaminação aumentadas (4, 5, 6).

Em 1995, a Shell Chemicals e a BP-Amoco anunciaram que realizavam estudos até então não divulgados com policetona alifática. A BP-Amoco informou que "as propriedades de barreira ao oxigênio e à umidade serão comparáveis às de EVOH". Essa similaridade pode ser vista na Figura 1-1. Os preços dos recipientes e dos filmes que usam policetonas podem ser competitivos com os que contêm camadas de barreira de EVOH. A fabricação de etileno, de propileno e de monóxido de carbono é relativamente simples, sugerindo que as policetonas alifáticas poderiam ser colocadas no mercado a preços de *commodity* (a disponibilidade de grade de embalagens esperada é de 2002/2003 para frente). Isso poderia fazer de tais materiais uma alternativa de baixo custo a um dos possíveis polímeros de alto desempenho do futuro: o poli(etileno naftalato) (PEN). Um benefício adicional é que as policetonas alifáticas são resistentes ao calor: seus pontos de fusão variam entre 200 °C e 260 °C. Assim, dependendo do seu grau de cristalinidade, elas poderiam ser usadas para fazer recipientes envasáveis a quente.

Os produtos mais recentes de PET da Shell incorporam uma pequena quantidade de naftalato como um comonômero de fluxo (7, 8, 9, 10). Essas pequenas quantidades oferecem um bom potencial para propriedades mecânicas e de barreira, bem como alguns dos benefícios do PEN, mas sem o alto custo dos materiais de desempenho elevado. O preço tem sido o principal elemento desmotivador do uso em grande escala do PEN para recipientes moldados e filmes.

Absorvedores de oxigênio
História do desenvolvimento dos absorvedores

Muitas inovações ocorreram desde a chegada do Ageless da Mitsubishi Gas Chemical no início dos anos 1980. O Ageless continua a ser embalado em várias formas de sachês, isto é, no formato original retangular ou quadrado e, mais recentemente, como um inserto circular chato e um forro no lado inferior de uma tampa de rosca. As etiquetas de absorção de oxigênio resultaram da norte-americana Multiform Dessicants. Suas etiquetas FreshMax contêm os mesmos materiais à base de ferro que os usados em sachês de absorção de oxigênio desenvolvidos para as Forças Armadas dos Estados Unidos. A última década tem visto um uso constante de absorvedores de oxigênio em paredes de frascos e recipientes plásticos, bem como em tampas e filmes plásticos. O oxigênio existente no *headspace* (espaço superior), dissolvido ou preso no produto, é absorvido com todo o oxigênio que penetre no pacote por um certo tempo. Um dos primeiros absorvedores foi uma mistura de MXD-6[1] e um composto de cobalto. A poliamida serviu como componente oxidável, enquanto o cobalto (presente como sal carboxílico) agiu como catalisador metálico para impedir que qualquer oxigênio que penetrasse alcançasse o produto embalado. A empresa americana CMB afirmou, naquele tempo, que essa combinação de PET/Náilon/Cobalto poderia ser usada em tampas e recipientes moldados por injeção, bem como em frascos moldados a sopro por extrusão, e em frascos e recipientes moldados por injeção, estiramento e sopro. Nenhuma explicação formal foi dada para seu abandono subsequente. A "informação" fornecida foi que ocorreu contaminação do produto.

---

[1] MXD-6 é o nome de poliamida da Mitsubishi Gas Chemical (Japão).

Os absorvedores disponíveis

Absorvedores em sachês, vedantes de tampas e etiquetas da Mitsubishi Gas Chemical e da Multiform Dessicants são bem estabelecidos (11). Outros sistemas de absorção disponíveis os têm acompanhado. A Amosorb, da BP-Amoco, é uma família de absorvedores de oxigênio à base de polímeros e incorporada a filmes, recipientes e tampas. Os primeiros produtos foram introduzidos em 1996 e eram à base de PE, PP, PET e de outras resinas *commodity*. Eles oferecem larga escala de taxas de fluxo para compatibilidades de processamento. Por exemplo, são termicamente estáveis nas temperaturas de extrusão de PET a 280 °C. Já os absorvedores são eficazes entre 4 °C e 130 °C, cobrindo produtos refrigerados, de ambiente e esterilizados em autoclave.

O Amosorb 3000 foi anunciado em 1998 (12, 13). Esse copoliéster pode ser usado como camada central em um recipiente de poliéster multicamadas. A BP-Amoco informa que os frascos PET que contêm 5% de Amosorb 3000 fornecem melhor proteção de oxigênio que os recipientes de metal ou de vidro em razão da habilidade do material de absorver o oxigênio entranhado no produto. Um benefício adicional informado é que sua barreira ao oxigênio é melhor que o PET revestido com 10% de EVOH. A empresa afirma que a vida de prateleira aceita pela indústria para a cerveja em embalagens de vidro é de 120 dias. Isso representa o tempo levado por 1 ppm de oxigênio para afetar o produto. Estudos independentes descobriram que a performance dos frascos PET protegidos por 5% de Amosorb 3000 está de acordo com esse padrão.

O conceito de incorporar um absorvedor de oxigênio às paredes laterais dos frascos está se tornando prática comum na Austrália, na Europa e nos Estados Unidos (4, 14, 15, 16, 17, 18, 19).

A Advanced Oxygen Technologies (anteriormente, Aquanautics Co.) desenvolveu absorvedores para filmes e, na maior parte, para tampas. Seu absorvente SmartMix é misturado a um mix de polímeros antes que o recipiente ou as tampas sejam feitos. O absorvedor permanece inativo até o recipiente ou a caixa ser preenchida. O SmartMix foi também incorporado a vedantes das tampas de PVC tipo *crown* e, pelas cervejarias, a tampas de topo para testes em cerveja engarrafada.

O OS1000, da Cryovac, é um sistema à base de polímero que usa um método de absorção furtivo (17, 20, 21, 19). Ele é ativado nas fábricas dos usuários pela luz UV imediatamente antes de selar o pacote. Tal ativação ocorre pelo sistema desencadeador 4100 UV, próprio da Cryovac. A empresa informa que, "ao contrário da competição dos absorvedores à base de ferro, OS1000 não requer um ponto inicial mínimo de umidade antes de poder trabalhar".

Diversas empresas japonesas produzem absorvedores para a utilização em filmes, recipientes e estruturas de tampas. São elas: Idemitsu (base ferrosa – para recipientes termoformados), Mitsubishi Gas Chemical (base de ferro – para recipientes termoformados ou moldados), Toyobo (poliolefina mais o composto do metal de transição – para tampas) e Toyo Seikan (uma resina fenólica e uma resina de aldeído hidroquinona – para tampas). Um segundo produto da Toyo Seikan, Oxyguard, é apropriado para recipientes e tampas. Esse composto de base ferrosa é um material absorvedor de oxigênio autoclavável de alta barreira. Pode ser moldado por sopro e usado em filmes multiúso ou bandejas termoformadas, como mostrado na Figura 1-2. A "tampa de Oxyguard" reduz espaços livres e níveis de oxigênio presos ou dissolvidos em recipientes. Além disso, incorpora um filme microporoso vedante, o que impede os absorvedores de terem contato direto com o produto.

Figura **1-2**
A ação de Oxyguard em pacotes selados

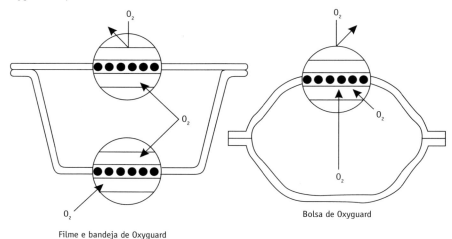

Filme e bandeja de Oxyguard

Bolsa de Oxyguard

Fonte: Toyo Seikan Kaisha

Uma outra empresa japonesa tem adotado uma aproximação diferente: um absorvente de gás é impedido de ter contato com os conteúdos de uma bandeja por selagem entre dois filmes de tampa. A Dai Nippon Printing Co. afirma que o lado interno desses dois filmes é permeável aos gases produzidos ou que estejam cercando o produto: o filme mais externo é uma estrutura multicamadas de barreira elevada, o que impede que qualquer gás escape do pacote.

Poliolefinas catalisadas por metaloceno

História

Em meados dos anos 1990, os catalisadores metaloceno – compostos organo-metálicos que contêm metais como titânio ou zircônio – se transformaram em uma das matérias-primas mais promissoras da indústria de plásticos (22). A produção comercial começou em 1992, nos Estados Unidos, mas só em 1997 passou a ser manufaturada na Europa. Quando desenvolvida inteiramente, o impacto dessa tecnologia irá se igualar ou superar o desenvolvimento de 20 anos atrás do PEBDE.

Benefícios primários de polímeros

Os catalisadores oferecem poderes quase mágicos para as poliolefinas lineares, especialmente PELDB e PEMD; e provavelmente menos para PEBD ou PEAD (23). Em contraste, muitos catalisadores atuais produzem polímeros com níveis elevados de comonômeros não desejados, uma vez que estes causam viscosidade e odor. Poliolefinas metaloceno-catalisadas são mais transparentes, menos pegajosas e quase inodoras, o que as torna apropriadas para embalagens de alimentos, bebidas e remédios. Os polímeros podem ser criados com propriedades físicas específicas, como densidades mais baixas, temperaturas de selagem mais baixas, faixas mais amplas de selagem, transparência elevada, maior rigidez, taxas de transmissão de gás elevadas ou baixas (como desejado) e propriedades organolépticas excelentes, nas quais sabores de fora e odores residuais são muito baixos. Exemplos dos benefícios para a resistência à ruptura e para a força de aderência a quente são mostrados, respectivamente, nas Figuras 1-3 e 1-4.

Os polímeros de densidade mais baixa e com comonômeros de peso molecular elevado são particularmente interessantes, pois produzem filmes mais flexíveis, mais elásticos e com respirabilidade melhorada.

Figura **1-3**
Resistência melhorada a perfurações

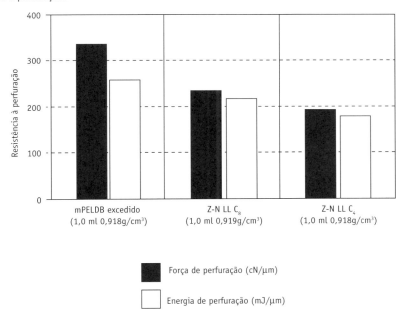

Fonte: Exxon Chemical

Benefícios secundários de polímeros

Outros polímeros, com benefícios em potencial de embalagem oriundas de processos de catalisadores metaloceno, incluem elastômeros, plastômeros, polipropilenos e poliestirenos (24). Os plastômeros são materiais poliméricos etilênicos com propriedades intermediárias entre os elastômeros e as poliolefinas convencionais. As empresas químicas são cuidadosas ao distinguir plastômeros de polietileno. A DuPont Dow refere-se a eles como plastômeros de poliolefina (POPs). Os plastômeros Exact, da Exxon, são copolímeros etileno-octeno que funcionam como "ponte de abertura". Esses copolímeros oferecem um desempenho superior de selagem, portanto, são usados como camada selante em filmes laminados e em coextrusões. Outros benefícios incluem os atribuíveis aos produtos metalocenos-catalisados, por exemplo, dureza, flexibilidade, resistência elevada e boas propriedades óticas.

Figura 1-4
Resistência melhorada de selagem a quente

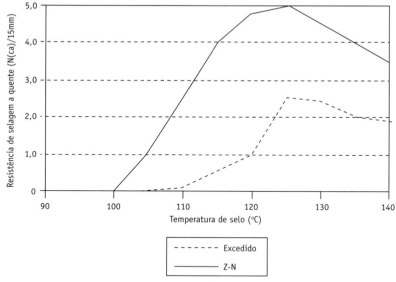

Z-N = catalisador atual;   Exceed® = PELDB metalocênico

Fonte: Exxon Chemical

Filmes de plastômero — propriedades e usos

Uma das características dos filmes de plastômeros é que são altamente permeáveis ao dióxido de carbono e ao oxigênio. Isso significa que podem ser usados para controlar o amadurecimento do produto fresco em vez do filme de PVC altamente plastificado – até agora, a única alternativa para oferecer permeabilidade verdadeira, exceto para microperfurações. Como os filmes de PVC, os filmes de plastômero têm boas propriedades de aderência. Entretanto, um grande benefício para os plastômeros é o relacionamento entre o gás e a penetração de umidade. Variando a densidade e a espessura do filme, é possível atender às exigências de praticamente todas as frutas e vegetais.

As evoluções futuras do filme "metaloceno"

Olhando à frente, o Catalyst Group, empresa perita do mercado norte-americano, acredita que a tecnologia do metaloceno se estenderá para cobrir copolímeros ciclo-olefínicos e policetonas alifáticas[2]. Recentemente o PELDB orientado biaxialmente (25, 26) foi desenvolvido comercialmente pela primeira vez. Reivindica-se ter algumas propriedades físicas originais. Seus valores de névoa e de brilho são melhores que em filmes *cast* e se igualam praticamente aos filmes de BOPP. A resistência ao impacto por queda de dardo é melhor que a do filme de BOPP, além de poder ser mais elevada que a de quase todos os outros filmes de poliolefina. Seu módulo secante (relação tensão-deformação) é próximo do PEAD, mas de 3 a 5 vezes abaixo do filme de BOPP. A orientação aumenta a rigidez em 2 a 4 vezes sem

---

[2] "Outlook for Biodegradation Plastics". The Catalyst Group Symp. Frankfurt, Alemanha (Abril 1999).

capítulo **1** – materiais para embalagens plásticas rígidas e flexíveis

nenhuma perda correspondente da resistência. Conforme a maioria dos filmes convencionais, a orientação também aumenta as propriedades de barreira do filme à umidade e ao oxigênio. Os produtores de resina consideram as propriedades desses filmes novas oportunidades do mercado, como sacos de produtos frescos e filmes para embalar pacotes de refeições leves – os sacos resistentes são uma terceira possibilidade. Nenhum dos filmes, BOPP ou PP *cast*, são normalmente usados para essas aplicações.

Os PP metaloceno-catalisados para filmes

Com exceção dos polietilenos, entretanto, os progressos têm sido lentos. O desenvolvimento do polipropileno metaloceno-catalisado, por exemplo, está significativamente atrás de muitas de suas outras contrapartes de olefinas. O polietileno, que consiste de uma cadeia de hidrocarboneto não ramificado com somente dois átomos de carbono por unidade, é ideal para ser obtido com catalisadores do metaloceno. Isso entretanto, não acontece com o polipropileno que tem três formas:

- ▸ *isotático*: todos os grupos laterais estão do mesmo lado da cadeia principal do hidrocarboneto;
- ▸ *sindiotático*: os grupos laterais são posicionados regularmente em lados alternados da cadeia;
- ▸ *atático*: os grupos são arranjados aleatoriamente.

Polipropilenos isotáticos e sindiotáticos são cristalinos; o atático, por sua vez é amorfo, ou seja, seu estado elástico impede qualquer uso em embalagem.

Resinas de polipropileno isotático metaloceno-catalisado (miPP) já tem sido desenvolvidas (27, 28). Entretanto, os produtores da resina relatam experiências diferentes. A Exxon, trabalhando com a Hacksawed, afirma que sua distribuição de peso molecular larga e bimodal e grande faixa de temperatura de fusão fazem os polímeros de miPP ótimos para a produção de filme de BOPP. Consegue-se isso por meio de arranjo molecular e controle criterioso da distribuição da composição. Em máquinas contínuas de estiramento *tenter*, a Exxon tem mostrado que resinas com tais características possuem uma janela de processamento viável acima de 26 °C, comparada à escala de 15 °C oferecida pela resina convencional do iPP. A empresa informa também que suas resinas de miPP podem operar em temperaturas de fornos TD mais baixas, sugerindo a possibilidade de velocidades de linha mais elevadas e consumo de energia mais baixo. As resinas de miPP da PetroFina produzem filmes de BOPP nas máquinas contínuas de estiramento *tenter* com as propriedades físicas melhoradas se comparadas a filmes convencionais de BOPP. Tais melhorias incluem um módulo secante maior que 25% (na razão tensão-deformação) e uma taxa de transmissão de vapor de água menor que 29%. Os filmes, então, correm melhores nas linhas de embalagem e ajudam a estender a vida de prateleira dos produtos embalados. Diferentemente da Exxon, a PetroFina tem descoberto que suas resinas de miPP de distribuição estreita de peso molecular tiveram bom desempenho em relação às resinas-padrão de iPP. Acredita-se que a processabilidade e as propriedades de suas resinas de miPP venham de uma correlação mais baixa de tensão de tração com a temperatura, além de uma faixa de fusão mais ampla e um peso molecular mais elevado, se comparado com suas contrapartes de iPP.

10 — estudo de **embalagens para o varejo**

Filme de PP *cast* da Targor[3] feito de Metoceno X 50149 (miPP) combina boas proprie-dades óticas com excelente selagem a calor em temperaturas mais baixas que as possíveis com o filme convencional *cast* (29). Sua rigidez é parecida com a do filme PP homopolímero convencional, o que o torna apropriado para embalagem tipo torção de balas, assim como para aplicações de esterilização a calor, como as camadas de contato de produtos em ban-dejas ou bolsas autoclaváveis.

Níveis de consumo

O consumo de miPP mundial era de 100 mil toneladas em 1998, mas previa-se aumentar cinco vezes até 2003, de acordo com um estudo de mercado da Townsend Tarnell Inc. (30). Por enquanto, talvez até dez organizações produzirão quantidades comerciais. O foco inicial dos produtores será nos homopolímeros, nos quais as aplicações de embalagem serão como filmes e moldagens por injeção. Mais tarde, os copolímeros iPP de impacto e aleatório são, também, possíveis beneficiados na tecnologia do metaloceno. Dessa forma, as propriedades físicas de filmes de embalagens, recipientes e fechamentos serão melhoradas, mas é provável que sua chegada só ocorra na próxima década.

Previsões futuras

O nível de consumo atual de polímeros metaloceno-catalisados está perto do que tinha sido previsto há uma década. No curto prazo, enquanto houver mais introduções de produto, haverá incomuns avanços a serem difundidos em taxas "catalíticas". Entretanto, por questões de competição, pelo menos nas 16 maiores empresas petroquímicas do mundo, novidades na área estão certas de ocorrer. Agora, na esteira dos maciços esforços de pesquisa, existem diversos acordos sendo feitos por meio de licenciamentos e *joint ventures*, os quais ajudam a espalhar o custo da comercialização global da tecnologia.

Tais custos necessitam também ser reduzidos. No geral, as combinações do catalisador compreendem um pouco de metaloceno e muito de cocatalisador caro. Reduzir o custo dos cocatalisadores aceitáveis é então a chave para baratear os polímeros metaloceno-catalisados. Em consequência, apesar de a "euforia" inicial do metaloceno ter diminuído, a previsão não é totalmente desanimadora – como indica estudo da Townsend Tarnell.

Plásticos biodegradáveis

Conhecimento

Por muitos anos, plásticos biodegradáveis foram reivindicados para fornecer uma solução aos desafios ambientais dos "antiplásticos" (31, 32, 33, 34, 35). Os desafios ocorrem em razão do impacto negativo do descarte de plásticos, bem como das dificuldades de reciclagem e da resistência à degradação dos atuais polímeros utilizados nas embalagens plásticas. Há também interesses em alguns aditivos plásticos, tais como plastificantes em PVC. Mais da metade dos países europeus ocidentais tem legislação sobre o descarte de resíduos plásti-cos em relação aos aditivos indesejados dos polímeros contendo cloro (PVC e/ou PVdC). Em muitos outros países a situação é similar (36, 37). Quando os materiais apropriados se

---

[3] Targor: após fusão com a Montell, tornou-se Basell.

capítulo 1 – materiais para embalagens plásticas rígidas e flexíveis

11

tornarem disponíveis em quantidades adequadas, segundo as tendências atuais o uso dos polímeros biodegradáveis crescerá rapidamente.

Tipos de polímeros biodegradáveis

Por muito tempo, três grupos comerciais de polímeros biodegradáveis ficaram realmente disponíveis:

- composições à base de amido com policaprolactona, derivados de celulose e copolímero etileno-álcool vinílico;
- poliésteres alifáticos (38, 36, 39, 40, 41, 42), como o poli (ácido lático) (PLA), poliésteres de succinato e polihidroxialcanoatos (35, 36), tal como PHBV (Biopol, um polihidroxivalerato, está nesta família);
- poliésteres aromáticos, copolímeros de poliéster, poliéster-alifático aromático, poliéster amida e polímeros à base de PET.

Globalmente, os três polímeros mais comuns na Europa, no Japão e nos Estados Unidos são copoliésteres, poli (ácido lático) e composições à base de amido. As razões para o uso desses materiais diferem:

- Europa: consumidor e regulamentações;
- Japão: preço, desempenho e regulamentações;
- Estados Unidos: preço e desempenho.

A Cargill-Dow[4] afirma que diversas empresas em todo o mundo estão desenvolvendo produtos de PLA. Teste de mercado esperado ou usos inteiramente comerciais incluirão termoformagem, filme *cast* e soprado, não tecidos e moldagem por injeção. As possibilidades de recobrimento incluem a chapa revestida por extrusão para copos. Aqui, a PLA produz um elevado brilho e uma rigidez de parede lateral 30% mais elevada que os revestimentos existentes de PE. Um outro uso para esse material é a embalagem para alimentos contendo gordura e aplicações, na qual uma boa barreira ao aroma ou ao sabor é necessária.

Na Europa, duas inovações muito similares dos polímeros biodegradáveis baseados em poli(álcool vinílico) (PVOH) foram anunciadas em 1999 (43). Tais inovações são reivindicadas como alternativas viáveis a muitas das aplicações dos termoplásticos não biodegradáveis de hoje. Mais detalhes são dados no Capítulo 7, na seção "Inovações recentes".

Agentes expansores e nucleantes

Os agentes químicos expansores e nucleantes fornecem diversos benefícios para o filme de plástico expandido e em folha (termoformável). São eles:

---

[4] A *joint venture* Cargill-Dow foi desfeita em 2005. Atualmente, só a Cargill atua nesse mercado, sob o nome NatureWorks.

- *redução de peso*: menos material usado e custos reduzidos;
- isolação térmica elevada;
- *moldagens dimensionalmente mais estáveis*: menos deformação, sem marcas de escoamento e, consequentemente, uma superfície de selagem mais confiável de frasco, recipiente ou bandeja;
- rigidez de parede elevada sem aumentos em pesos de selagem de frasco, recipiente ou bandeja;
- efeitos de superfície do pacote visualmente atraentes podem ser produzidos, por exemplo, efeito "marmorizado".

Os agentes expansores químicos se decompõem, durante o processamento, para formar produtos gasosos de decomposição. Eles expandem o polímero e são adicionados diretamente aos grânulos do polímero. Agentes nucleantes produzem espumas de polímeros de baixo peso por gaseificação direta com agentes físicos de expansão, como o dióxido de carbono, nitrogênio ou gases de hidrocarboneto. Por meio de um agente nucleante, produzem uma estrutura celular mais fina e regular do que usando somente o agente de expansão.

Pigmentos iridescentes

A marcação a *laser* de materiais de embalagens plásticas é uma aplicação recente (de 1995 em diante) para pigmentos (iridescente) de brilho perolado Iriodin, da Merck. Como as marcações a *laser* de plásticos tornaram-se amplamente usadas, a Merck descobriu que, adicionando-se pigmentos de LS Iriodin às formulações existentes, produzia-se alto contraste até mesmo em bases até agora não marcáveis.

Agentes antimicrobiais

Com a maior atenção à saúde e à segurança do consumidor, é provável que os aditivos antimicrobiais sejam usados para aplicações em embalagens (13). Os polímeros usados em embalagens são imunes ao ataque de micro-organismos como algas, bactérias e fungos. O crescimento microbial é, entretanto, possível, podendo ser causado pela inclusão de aditivos de processamento – plastificantes, cargas como amido, lubrificantes, agentes espessantes e óleos. Consequentemente, para ser efetivo, qualquer agente microbial deve migrar para a superfície do polímero e impedir o crescimento bacterial. Os agentes microbiais já são usados em cuidados com a saúde e em produtos de bens de consumo de grande "giro", tais como cosméticos e pasta de dente. Dentro dessa categoria são dois os *masterbatches* antimicrobiais da empresa inglesa Wells Plastics. Ionpure é um *masterbatch* inorgânico à base de prata que protege contra sistemas de fungos e bactérias. Seu ingrediente ativo é estável até 500 °C. O outro, denominado de "série T" é um sistema orgânico. Seu ingrediente principal, o Triclosan, tem a aprovação do norte-americano Food and Drugs Administration e foi usado por muitos anos em hospitais e instituições de cuidado à saúde. O uso atual varia de cestos de armazenagem de resíduos a placas de corte.

2

processamento

Para embalagens de varejo de plástico flexível e rígido, 100% das resinas são praticamente termoplásticas. Apenas um número minúsculo de produtos é, ainda, moldado por compressão de resinas termofixas em itens inflexíveis, como tampas e fechamentos de embalagens cosméticas e de produtos farmacêuticos. Inversamente, a moldagem por compressão usando resinas termoplásticas é empregada hoje para a produção giratória de alta velocidade de tampas para frascos de bebidas. Há, realmente, três usos importantes para as "rodas" rotativas: moldagem a sopro, fabricação de tampas por compressão e termoformagem. Há quase 30 anos, o conceito de fabricação rotativa de tampas foi descrito como "o primeiro avanço significativo em tecnologia de moldagem de plásticos em décadas". Somente na última década isso tem realmente acontecido, uma vez que a comercialização de inovações nem sempre é rápida.

Fabricação de embalagem de plástico flexível

Filmes de embalagens flexíveis são extrudados como um tubo soprado e cortado em folhas duplas ou extrudados por meio de uma matriz diretamente em um rolo resfriado. Ambos são projetados de forma mecânica para os requisitos de largura e espessura antes de serem embobinados. A chapa é feita somente pela extrusão por meio de uma matriz. É comum adicionar propriedades para revestimento por extrusão, coextrusão ou laminação. Uma vez feito isso, filmes podem ser laminados com outros materiais de embalagem flexível ou revestidos por extrusão. Introduzindo um gás de expansão antes do processamento, podem ser produzidos lâminas expandidas ou filmes levemente expandidos. A chapa extrudada tem somente um uso principal em embalagens: é geralmente termoformada.

Os corpos de tubos compressíveis são, quase todos, feitos a partir de um dos dois seguintes processos distintos:

- ▸ tubo extrudado;
- ▸ filme multicamadas ou laminados de alumínio-plástico.

estudo de **embalagens para o varejo**

Algumas camadas podem ser coextrudadas. A barreira aumentada ao oxigênio é fornecida, também, pela folha de alumínio ou pelos filmes revestidos de óxido de silício (44).

Os tubos compressíveis também podem ser feitos pela moldagem a sopro por extrusão, mas esse método não é muito usado.

Fabricação de embalagem rígida

Existem duas classificações principais:

- ▸ moldagem [injeção, sopro por injeção, sopro por extrusão e sopro por injeção-estiramento (ISB)];
- ▸ termoformagem.

A rigidez de pacotes plásticos varia com os materiais utilizados, o método de fabricação, a espessura de parede e o projeto de qualquer sustentação estrutural nas paredes laterais ou na base da embalagem. O molde de injeção fornece o melhor controle de espessura de parede. Os processos desenvolvidos de moldagem a sopro e termoformagem podem, entretanto, fornecer frequentemente alternativas de funcionalidade aceitáveis. A espessura de parede não é, ainda, de todo igual. Hoje, entretanto, é muito mais uniforme do que era há poucos anos.

Moldagem

Fazer embalagem rígida envolve tanto um processo simples quanto um mais complexo. Qualquer que seja o método escolhido, a caixa produzida pode competir com praticamente várias outras formas de embalagem. Subvariantes, como sopro por injeção e sopro por injeção-estiramento (ISB), adicionam-se às possibilidades. O crescimento do ISB ao longo dos anos 1990 foi tal que agora é considerado um dos principais processos de fabricação de embalagem (45).

O desenvolvimento de processos tem ajudado, por exemplo:

- ▸ no controle da viscosidade do polímero para permitir até agora que os polímeros de "dificuldades de processo", como PET, sejam moldados por sopro (assim como o ISB, mas usando diferentes grades de PET);
- ▸ nas técnicas de extrusão de geometria controlada, tais como Scorim, que concedem uma "memória" para as pré-formas extrudadas;
- ▸ nas partes internas móveis engenhosas de moldes que permitem a moldagem integral do que seria, de outra maneira, difícil de aplicar às peças, por exemplo, alças que se movem livremente em recipientes de pintura;
- ▸ em etiquetas *Inmould* de alta qualidade que fornecem, também, benefícios secundários, como o desempenho adicional de barreira a gás.

Moldagem por injeção de multicomponentes (coinjeção e bi-injeção)

Itens feitos de cores diferentes, dos mesmos materiais ou de materiais funcionalmente diferentes (por exemplo, uma embalagem ou um recipiente rígido que tem uma parte flexível, macia, de uma tampa ou recipiente que sofre apertos do consumidor), são exemplos facilmente compreendidos de moldagem de multicomponentes.

Na moldagem por coinjeção, ambos os materiais são injetados na cavidade por meio do mesmo ponto, um após o outro. Isso é útil quando um artigo é feito de materiais internos e externos diferentes, isto é, para fornecer a funcionalidade e/ou para reduzir os custos (46, 47, 48, 49). Por exemplo, o núcleo poderia ser feito de material reciclado, enquanto a camada de cobertura é feita de polímero virgem. Para embalagens de parede fina, esse processo requer exatidão absoluta. As camadas diferentes devem ter espessuras uniformes. Do mesmo modo, não pode haver qualquer mistura ou exposição da camada interna. Netstal, construtor suíço de máquinas de moldagem por injeção, afirma que seu modelo SynErgy 2C fornece esses pré-requisitos por controle sensível de processo de laço interligado nas unidades de injeção.

A bi-injeção (Figura 2-1) tem, provavelmente, o menor potencial para aplicações de embalagem que a coinjeção ou sobremoldagem. Seu principal uso é em artigos luxuosos, tais como recipientes de cosméticos moldados. Os materiais são injetados na mesma cavidade e no mesmo ciclo de moldagem.

Figura **2-1**
Bi-injeção

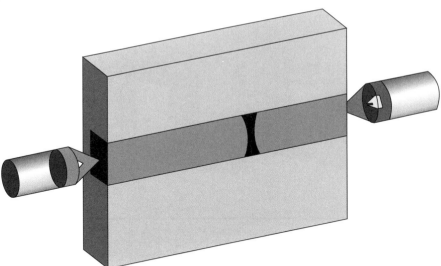

Bi-injeção – Injeção de dois materiais na mesma cavidade, pela qual a posição e propriedades da solda dependem decisivamente das características de qualidade fornecidas pela máquina e molde.

Fonte: Netstal

A solda entre os materiais e sua posição dependem por completo do desempenho da máquina de injeção e do molde. Esse processo necessita particularmente de tecnologia de moldagem e de exatidão reprodutiva da máquina. A bi-injeção é usada somente onde um processo de decoração é subsequentemente aplicado a posições específicas na superfície do molde. É aqui que o material "secundário" pode ser encontrado. Um exemplo disso poderia ser um modelo de produto de pós-decoração.

Sobremoldagem

Existem três tipos de sobremoldagem de materiais por injeção de dois componentes: placa giratória, deslizamento e transferência. Esses tipos são mostrados na Figura 2-2. A Netstal afirma que, das três, a placa giratória é a mais comum.

Figura **2-2**
Processos de sobremoldagem

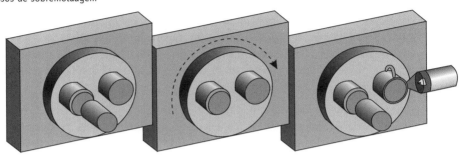

Técnica de placa giratória

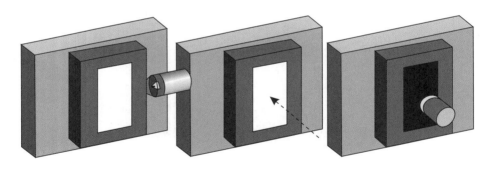

Técnica de escorregamento

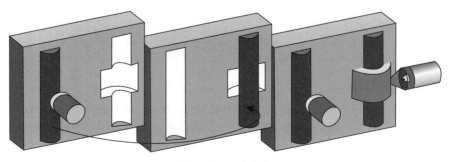

Técnica de transferência

Fonte: Netstal

Os desenhos na Figura 2-2 mostram cada um dos três processos de sobremoldagem:

▶ *Técnica de placa giratória*: depois que o primeiro material foi injetado, o molde é girado para a posição final. Aqui, o segundo material é injetado sobre o primeiro, a fim de fornecer o preenchimento completo do artigo sobremoldado. Essa técnica está sendo usada pela Tetra Pak para adicionar uma camada de barreira externa às pré-formas de frasco PET.

▶ *Técnica de escorregamento*: depois que o primeiro material foi injetado, uma parte móvel dentro do molde se retrai. Isso fornece espaço na cavidade para o segundo material a ser injetado.

▶ *Técnica de transferência*: o item pré-moldado é colocado na posição de conclusão. Aqui, o segundo material é injetado sobre o primeiro para fornecer o artigo acabado.

Uma versão mais sofisticada da técnica de placa giratória é um sistema patenteado como *stack mold* pelo fabricante de máquinas Ferro Milacron. Nessa técnica, uma placa de centro giratória permite que as partes sejam transferidas entre os dois níveis da cavidade. Esse sistema é apropriado para produzir uma larga variação de componentes de embalagem sobremoldados ou de duas cores.

Inovações recentes na área de moldagem

Particularmente, duas recentes inovações na área de moldagem por injeção são a expansão seletiva de recipientes e de frascos PET, que, há alguns anos, poderiam ser enchidos a quente a 85 °C e sem produzir o resultado branco opaco da cristalização total, exceto na área do gargalo. Desde 1999, diversos relatórios mostraram frascos que foram preenchidos a até 95 °C. No entanto, nesses relatórios não foi indicado se esses frascos são totalmente transparentes, sem a presença de um gargalo branco opaco.

Recipientes expandidos

A expansão seletiva (processo Inject-a-form II, da Coralfoam – licenças disponíveis por intermédio da Pentex Plastics) permite que pequenas áreas locais tenham espessuras de parede aumentadas cinco vezes ou mais (50, 51, 52, 53, 54, 55, 56). A Pentex estava usando agentes de expansão exotérmicos para produzir espessuras de parede uniformemente expandidas em suas embalagens. Durante esse desenvolvimento patenteado[1], descobriu-se que, controlando os parâmetros do tempo/temperatura/escape, produzia-se expansão seletiva que poderia ser prevista e controlada. Reforços ou características enrijecedoras similares podem ser construídos em um recipiente sem material extra e sem mudanças nas dimensões internas dos moldes de injeção, uma vez que não são formados para o perfil expandido. Os moldes acabados têm espessuras de parede completamente uniformes ou faixas e arcos locais mais grossos. A expansão toma lugar depois de a peça ter sido ejetada e a pressão liberada. Onde a expansão local ocorre, peles exteriores discretas, até a metade de espessura da parede original, permanecem, uma vez que a geração do gás é exotérmica e ajuda as partes mais grossas do molde a resfriar mais rapidamente. O agente de expansão reduz também

---

[1] "Selective foaming to suit". *Packaging Innovation* (dezembro 1996); GODDARD, R. R. "Selective area foaming". *Packaging 2005*. Pira International (1997).

a viscosidade do fundido, de modo que o enchimento do molde seja mais rápido. Juntos, esses dois efeitos reduzem significativamente os tempos de ciclo. A tecnologia mundialmente patenteada da Coralfoam está disponível por meio de licença de uso. A aplicação inicial é para copos, bacias e potes. Aqui, todas as bordas de topo, os arcos de meia parede e o canto de base podem ser expandidos – separadamente ou juntos –, fornecendo rigidez realçada, rigidez da borda, superfície de selagem a quente, manípulo (isolado) do frio, isenção de dificuldade para beber líquidos quentes, além de circularidade perfeita. Esse "perfil ideal" vem da tendência natural de um laço, sob a pressão de expansão circunferencial, de assumir a forma de um círculo perfeito.

Os agentes de expansão exotérmicos se decompõem na temperatura de moldagem e, desse modo, liberam gás, por exemplo, dióxido de carbono por todo o corpo do material. Entretanto, a liberação do gás pode ser seletivamente inibida ou promovida quando se usa o processo Inject-a-form.

Frascos e recipientes preenchíveis a quente

A confecção de frascos PET enchíveis a quente baseia-se no mesmo princípio do controle de temperatura do molde. Isso influencia as propriedades do item moldado (57). A temperatura do segundo estágio da moldagem a sopro por injeção-estiramento de PET é cuidadosamente controlada. O molde é aquecido e aumenta a cristalinidade do polímero, permitindo o enchimento a quente, mas sem o efeito branco opaco da cristalização total do polímero. Na prática, existem muitos usos potenciais, nos quais a estabilidade é mais importante que a aparência. Por exemplo, a região estreita do gargalo de um frasco não é orientada. Aqui, a aparência branca (PET cristalizado) é aceitável.

▌ Termoformagem

Enquanto a maioria dos recipientes rígidos são pré-fabricados, uma quantidade crescente de embalagens de plásticos semirrígidos é feita em linha de chapa pré-fabricada, usando, na maior parte, máquinas tipo *thermoform-fill-seal*. Entretanto, termoplásticos são tão versáteis que um pacote rígido pode ser feito por mais de meia dúzia de processos. Na França, por exemplo, alguns copos utilizados no iogurte da Danone são moldados por sopro por extrusão. Ao redor do mundo, a maioria desses copos também são termoformados ou moldados por injeção. Por que ainda um outro processo? Por ser uma forma alternativa a um custo disponível. A ideia de moldagem por sopro por extrusão não é realmente nova. Há 20 anos, a Hoechst mostrou protótipos de copos de venda automática de paredes expandidas, ultraleves. Entretanto, o material utilizado pela Danone é uma das primeiras aplicações comerciais dessa ideia. Seus copos têm paredes laterais no formato de tigela. Não se sabe a razão pela qual a Danone escolheu a moldagem por sopro por extrusão. Contudo, apesar de sua forma não afilada, seus copos poderiam ter sido termoformados – processo que normalmente se apoia em uma forma afilada para a liberação fácil do molde.

O fabricante grego Kourtoglou de maquinário tipo *thermoform-fill-seal* desenvolveu uma versão de termoformagem "em linha" de moldagem a sopro por injeção[2]. Sua tecnologia de

---

[2] GODDARD, R. R. "Technical plastics developments – thermoforming". *Packaging 2005*. Pira International (1997).

moldagem produz o ombro profundamente arredondado e o tamanho do gargalo reduzido de um pote moldado a sopro. Rebaixos são então possíveis, como o é a inscrição legível gravada nas paredes laterais. Os copos podem ser produzidos, preenchidos e tampados em um formato de "oito" ou mais. A referida máquina tem sido mostrada publicamente e é altamente possível que os potes sejam desenvolvidos em um processo de dois estágios, usando um molde bipartido. Essa tecnologia podia facilmente ser mais desenvolvida, conduzindo a muitas possibilidades interessantes. Ao observador eventual é dado somente um indício de que algo diferente está acontecendo em linha. As máquinas convencionais de *thermoform-fill-seal* produzem linhas de recipientes em ciclos e em certos ângulos para a direção em que a chapa se move, ao longo e através da máquina. Com a máquina de Kourtoglou, os copos são formados em linhas que estão a 45° do sentido do curso, o que permite a abertura de um molde em dois estágios.

Etiquetas *Inmould*

Tais etiquetas são usadas para moldagem por injeção e termoformagem. Há, também, algum uso muito limitado para frascos de sopro por injeção-estiramento. Para facilitar a reciclagem, a tendência é fazer a etiqueta do mesmo polímero que o recipiente. Alguns, entretanto, são papéis revestidos – escolhidos para adicionar rigidez às paredes laterais de recipientes de *thermoform-fill-seal* ou, possivelmente, para reduzir custos. A tecnologia *Inmould* inclui aplicação de etiqueta sobre superfícies chanfradas. Um recipiente de parede lateral reta de PP moldado por injeção, lançado na França, em 1999, tem cantos chanfrados, em vez de três lados que se encontram em um ponto afiado. O chanfro é triangular, ainda que as etiquetas cubram a superfície inteira do molde sem divisões. Os fornecedores da etiqueta francesa informam que a França é, indiscutivelmente, a líder mundial no uso de etiquetagem *Inmould*. Quase tudo é para produtos de gordura amarela, como manteiga e margarina. A tecnologia de etiqueta *Inmould* está também no coração de pacotes "sem etiqueta visível". No Japão, empresas como Fuji Seal e Toppan Printing desenvolveram em conjunto uma etiqueta *Inmould* que não pode ser sentida depois de ter sido aplicada. Posicionadas em um ligeiro rebaixo na parede do corpo do recipiente, as bordas da etiqueta têm uma série de perfurações microscópicas. Algum ar aprisionado escapa por esses furos, evitando, assim, bolhas ou vincos de ar.

Tratamento de superfície de embalagem flexível e/ou rígida

Adicionar barreira à embalagem flexível e rígida por metalização a vácuo, deposição a vácuo de óxido inorgânico ou deposição de plasma são tecnologias já estabelecidas. Entretanto, nem todas as superfícies do material base são idealmente receptivas. Tratamento prévio é, com frequência, necessário.

Tratamento corona

O tratamento corona é um método bastante utilizado. Uma superfície que se move continuamente é exposta a uma descarga elétrica de alta frequência em uma atmosfera ionizada. Para muitas aplicações, os níveis de tensão de superfície, pré-tratados, são perfeitamente adequados. No entanto, quando revestimentos de barreira mais elevados são necessários para prover a requerida vida de prateleira, o efeito do tratamento corona padrão é limitado.

O Aldyne é um novo tratamento de superfície. Em vez de usar o ar, a descarga corona é aplicada a atmosferas gasosas controladas e específicas[3], que melhoram a "molhabilidade" de longo prazo e as propriedades adesivas de filmes do polímero, tornando-os adequados para a maioria das operações de conversão. Metalização e qualquer outro processo de revestimento que requeiram o tratamento de superfície com tensão superficial elevada e estável são melhorados. Esse processo é agora patenteado mundialmente pela Softal (empresa especialista em tratamentos corona) e a fornecedora de gás industrial é a Air Liquide. A Figura 2-3 mostra a comparação de duas composições de Aldyne com tratamento corona padrão e ar para o filme de BOPP. Filmes não tratados de BOPP têm uma tensão superficial de 30-32 mN/m, mas os níveis caem, estabilizando-se em 38-40 mN/m após 5 a 7 dias (e após um aumento inicial de 42-44 mN/m). O tratamento de Aldyne quase pode dobrar essa situação.

Figura **2-3**

Comparação de superfícies de filme BOPP tratadas com corona padrão de ar *versus* composições de Aldyne

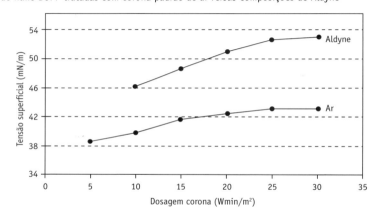

Fonte: Softal and Air Liquide

Tratamento de plasma

Faz dez anos desde que a primeira deposição de plasma de vapor químico (CVPD) teve destaque. A BOC Coating Technology (BOCCT) desenvolveu um revestimento de barreira de filme fino de quartzo transparente (QLF) para filmes e superfícies internas de recipientes rígidos. Um revestimento de silício é criado pela reação de plasma induzido de um gás organosilano e oxigênio em uma câmara de vácuo. A produção de revestimento de QLF difere dos revestimentos de óxido de silício e óxido de alumínio feitos pela evaporação térmica estabilizada e por processos físicos de deposição de vapor (PVD). Em 1999, a BOCCT decidiu se concentrar em seu núcleo de atividades, que exclui a CVPD. Seu processo mundial de revestimento de bobinas a vácuo QLF e dispositivos de aspersão de partículas de magnétron rotativo têm sido exclusivamente assumidos pelo construtor britânico de máquinas General Vacuum Equipment.

---

[3] PRINZ, E.; FORSTER, F.; COCDIOS, P.; COEURT, F. "Partership produces patented treatment process". *Converting Today* (Maio 1997).

Novas técnicas de plasma

O tratamento de plasma pode mudar a estrutura de camada do polímero na superfície de um frasco ou recipiente moldado. Por exemplo, o etileno pode ser polimerizado em uma camada de ligação não reticulada e de densidade muito elevada. Isso adiciona excelentes propriedades de barreira a gás e a umidade. A densidade da superfície do polietileno é praticamente dobrada após o tratamento de plasma. Nos últimos 12 meses, temos visto mais quatro inovações de plasma, cada uma delas oferecendo possibilidades de embalagem como descrito a seguir.

A EA Technology (EAT) resolveu superar os inconvenientes associados aos plasmas não equilibrados (NEPs). Esses plasmas criaram os polímeros revestidos apropriados para uso em embalagem. Os NEPs são gases ionizados de baixa energia térmica (conhecidos também como embalagem "não térmica" de plasma "fresco" ou "frio") que contêm elétrons altamente energéticos. Enquanto os NEPs puderem produzir propriedades de superfície realmente avançadas – até mesmo permitindo que os materiais, sensíveis ao calor, sejam processados –, eles, em geral, têm de ser produzidos sob vácuo. Isso significa que somente o processamento de lote é possível e que os custos de capital são elevados.

Entre as principais vantagens da Atmospheric Pressure nonEquilibrium Plasma da EAT (APNEP), citamos operações sob pressão atmosférica – oferecendo processamento contínuo e rendimento elevado usando materiais normais facilmente disponíveis. A APNEP combina as vantagens da operação de pressão atmosférica de plasmas térmicos aos benefícios da ativação de superfície de plasmas sem equilíbrio. Tais aplicações incluem a modificação de superfície dos polímeros usados em embalagem. Por enquanto, 25 diferentes projetos de estudo mostraram resultados encorajadores para o PEAD, o PEBD, o PET e o PP. Assim, esta obra sugere que os polímeros possam ser eficazmente revestidos. Uma outra parte deste livro mostra que a ação de superfície também muda a topografia do PET. A superfície rugosa é um resultado possível. A EAT afirma que a APNEP consegue resultados similares para plasmas de vácuo RF, e muito mais rápido – 12 vezes por efeitos oxidativos, por exemplo.

Os direitos de patente para um tratamento de carbono amorfo (ACTIS) de frascos PET monocamadas foram comprados de um inventor local pelo fabricante de máquina de moldagem a sopro da Sidel. A superfície interna de cada frasco é revestida com uma camada de carbono amorfo, altamente hidrogenada, obtida (segundo a empresa) de um gás seguro em seu estado de plasma (58, 59, 60). A Sidel informa que isso fornece propriedades de barreira sem precedentes a recipientes e frascos PET. Para a cerveja e frascos de bebidas carbonatadas – mercados-alvo da Sidel –, a barreira ao oxigênio aumenta 30 vezes; a barreira ao CO_2, sete vezes; e a barreira aos aldeídos, seis vezes. Uma representação da camada de barreira produzida pela ACTIS é mostrada na Figura 2-4.

A EAT afirma que o carbono amorfo cria a embalagem perfeita de PET para todas as bebidas sensíveis a oxigênio, e a preços que "são estimados para ser menores que os criados para competir com frascos de 330 ml e 500 ml". As espessuras de revestimento interno são de aproximadamente 0,1 µm. Os ensaios feitos pelo laboratório de testes holandês TNO mostram que o revestimento é seguro para o contato direto de alimento – e que a bebida e os frascos tratados são 100% recicláveis. O tratamento é realizado posteriormente à máquina de sopro por estiramento. Desde a aquisição dos direitos de patente original, a Sidel patenteou o processo de aplicação usado pela sua máquina ACTIS 20. Suas 20 estações podem tratar até 10 mil frascos de até 600 ml de PET por hora.

Figura **2-4**

Representação de camada de revestimento de barreira ACTIS (baseada numa fotografia tirada por microscópio de elétrons)

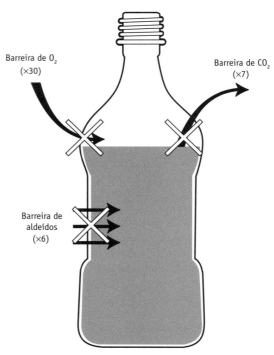

Fonte: Sidel

O carbono amorfo hidrogenado é o principal componente do recente sistema de revestimento de plasma desenvolvido por Kirin Brewery e licenciado para a japonesa Mitsubishi Shoji Packaging Corporation.

O revestimento é uma mistura entre 60% e 90% de carbono amorfo e entre 10% e 40% de hidrogênio. É estável até 300 °C e, assim, suporta repetidas lavagens, sendo aplicado aos materiais de frasco alcalinorresistentes, tais como PAN, PEN e PP. A Mitsubishi Shoji afirma que, como os custos são baixos, é possível desenvolver a tecnologia apropriada para frascos de uso único, descartáveis.

As duas empresas veem a tecnologia como uma deposição de vapor químico de plasma realçado (PECVD) de custo efetivo. Esse processo aplica uma camada de carbono como diamante resistente ao calor e ultrafino (DLC) à superfície interna de frascos plásticos. Testes têm mostrado que o desempenho de barreira ao oxigênio e ao CO_2 de frascos PET revestidos com DLC é significativamente melhor que o de suas contrapeças não revestidas. A vida de prateleira da cerveja e de outros produtos sensíveis ao oxigênio também é prolongada de forma relevante. A perda do aroma e do sabor é muito menor que a que ocorre com frascos PEN. Como uma migração insignificante é proveniente do revestimento DLC para o produto, espera-se que os frascos revestidos com DLC atendam às exigências do FDA para contato direto dos alimentos. Embora a tecnologia de revestimento possa, eventualmente, provar-se apropriada para cerveja e bebidas carbonatadas, suas aplicações comerciais iniciais apontam

capítulo 2 - processamento

ser melhores para filmes do que para frascos rígidos. Porém, isso parece discutível desde que o processo da Kirin precisou de níveis de vácuo mais baixos que os necessários para as outras tecnologias de deposição ou metalização.

A Tetra Pak desenvolveu o que se acredita ser um sistema proprietário à base de plasma para revestir a superfície interna de frascos PET com uma camada de óxido de silicone (SiO_x) perto do vidro transparente. Um sistema linear, usando suas máquinas DBX-6, X-6, LBX-2 ou LBX-6, realiza sopros em frascos entre 0,3 litro e 2 litros em velocidades até 18.000 frascos/h (61, 62, 63, 64, 65). A empresa afirma que seus testes iniciais foram muito bem-sucedidos e que o sistema será competitivo em termos de investimento de capital por frasco. A produção comercial foi planejada a partir de 2000.

Níveis de barreira melhorados de filmes revestidos

Os mecanismos de PVD e de PECVD são explicados em um extensivo estudo sobre as propriedades de barreira a filmes de PET e OPP revestidos por ambas as técnicas. O programa de teste foi relatado em 1996 pela Fraunhofer Institute for Process Engineering and Packaging (IVV) em Freising (conhecido anteriormente como IVL, próximo de Munique). Esse laboratório tem uma considerável experiência com embalagem, técnicas de revestimento de plasma, e continua a fazer muitos estudos práticos. Durante a Interpack'99, o IVV realizou uma conferência internacional sobre revestimentos de barreira elevados para embalagem flexível. O programa incluiu tanto o aspecto físico como a tecnologia de revestimento de plasma.

Os resultados relatados pelo IVV mostram claramente que, para ambos os substratos de "específico material de revestimento", melhorias de barreira ocorreram. Para uma embalagem PET, o filme tratado por plasma teve a melhor barreira ao oxigênio (duas vezes melhor que a de suas contrapeças de PVD). Entretanto, sua barreira à umidade era pior que a de qualquer filme revestido por PVD. Os resultados são mostrados nas Tabelas 2-1 e 2-2.

Tabela **2-1**

Revestimentos inorgânicos em filme PET

	Permeabilidade ao oxigênio cm³/m²d bar, 23 °C, 50% RH	Permeabilidade ao vapor de água g/m², 23 °C, 85 → 0% RH
PET, 12 μm	110	15
PET/Al (PVD, amostras de laboratório e industrial)	0,6 (180)	0,17 (90)
PET/SiO$_x$ (PVD, amostras de laboratório e industrial)	0,8 (140)	0,15 (100)
PET/SiO$_x$ (plasma-CVD, amostras de laboratório e industrial)	0,3 (370)	0,9-15 (17-1)
PET/AlO$_x$ (PVD, amostras de laboratório e industrial)	1,5 (70)	0,3 (50)
PET/MgO$_x$ (amostras de laboratório)	0,7 (160)	0,4 (40)
PET/Si-Mg óxido misturado (amostras de laboratório)	1,0 (110)	0,16 (90)

Fonte: Fraunhofer Institute for Food Packaging (IVV), Freising. Números mostrados em parênteses são "fatores de melhoramento".

24

estudo de **embalagens para o varejo**

Tabela **2-2**

Revestimentos de barreiras inorgânicos em filme OPP

	Permeabilidade ao oxigênio cm³/m²d bar, 23 °C, 50% RH	Permeabilidade ao vapor de água g/m², 23 °C, 85 → 0% RH
OPP, copolímero, 20 μm	1800	1,3
OPPcop/Al	20 (90)	0,11 (12)
OPPcop/SiO$_x$	17 (106)	0,08 (16)
OPPcop/MgO$_x$	546 (3,3)	0,4 (3,3)
OPPcop/AlO$_x$	118 (15)	0,5 (2,6)
OPP, homopolímero, 20 μm	1.650	
OPPhom/Al	26 (63)	
OPPhom/SiO$_x$	14 (118)	
OPPhom/AlO$_x$	44 (38)	

Fonte: Fraunhofer Institute for Food Packaging (IVV), Freising
Números mostrados em parênteses são "fatores de melhoramento".

Um trabalho adicional a esse estudo "governamental e patrocinado pela indústria alemã" continua sendo feito. A ênfase, porém, está em dois tópicos: mais estudos sobre OPP revestido e, com um fabricante de máquinas de revestimento de bobinas, as maneiras de comercializar o processo em escalas pequenas e grandes. Grandes oportunidades são previstas para fabricantes de filme de OPP, o qual, até agora, tem sido praticamente um "mercado exclusivo de PET". Em menor extensão, entretanto, à poliamida orientada (OPA) e ao filme de PEAD também são dados revestimentos cerâmicos. A Algroup Lawson Mardon afirma que adicionar uma camada de óxido cerâmico resulta em laminados com estabilidade mecânica muito alta e em uma flexão/resistência sem perdas de propriedades de barreira. Para alimentos, cosméticos e fármacos, os pesos de revestimento requeridos são cerca de 0,1 μm ultrafino, 0,2 g/m², "não havendo considerações ambientais". O revestimento não é selável a calor, por isso é posicionado em uma superfície interna de lâmina de filme, o que também protege o revestimento de danos físicos.

Na Alemanha, uma linha de coextrusão de filme de três camadas instalada na Mitsubishi Polyester Films, em 1999, foi otimizada para o revestimento de filme PET de 12 μm com camadas depositadas a vácuo, tais como revestimentos de cerâmica e alumínio baseados em óxido de silício ou de alumínio. O desempenho de barreira de seu Hostaphan RHB 12 é, aproximadamente, dez vezes maior que do filme PET sem revestimento. A coextrusão de três camadas, a nova linha ABC, tem capacidade de revestimento em um lado por pré-tratamento químico e um tratamento corona em linha de superfície do filme. A estrutura carregada do filme RHB 12 tem um núcleo PET transparente com uma camada não enchida e lisa, contendo PEN de um lado e uma superfície PET padrão de outro. Esse aditivo antibloqueio ajuda a garantir a processabilidade do filme. As Figuras 2-5 e 2-6 mostram as respectivas taxas de transmissão de vapor de água e de oxigênio. Já a Figura 2-7 é um perfil da estrutura de RHB12[4].

Figura **2-5**
Comparativo das taxas de transmissão de oxigênio

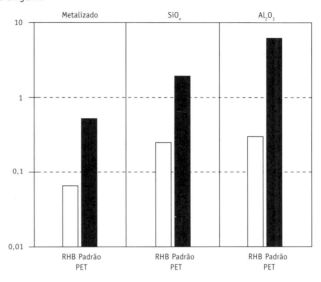

Fonte: Mitsubishi Polyester Films

Figura **2-6**
Comparativo das taxas de transmissão de vapor de água

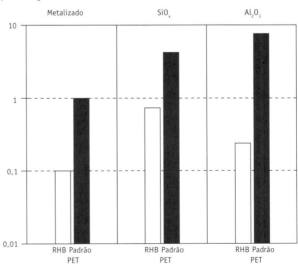

Fonte: Mitsubishi Polyester Films

---

[4] Mitsubishi Polyester Films. "Advantages of coextruded PET films in flexible packaging applications." Interpack'99 (maio 1999).

Figura **2-7**
Estrutura de Hostaphan RHB 12

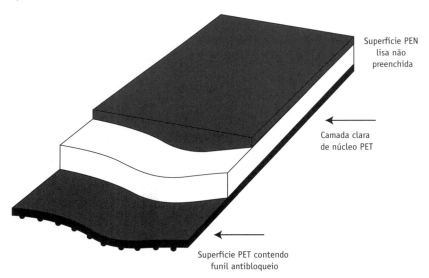

Fonte: Mitsubishi Polyester Films

A empresa afirma que existem melhorias similares em propriedades de barreira em relação a outros permeantes comuns, por exemplo, CO_2, nitrogênio e aromas, como limoneno.

Recipientes de barreira

Injetando-se material de barreira sobre uma pré-forma de PET (sobremoldagem), fornece-se um revestimento de barreira externa aos frascos a sopro por estiramento. Esses revestimentos sobremoldados são visíveis assim que os frascos podem ser inspecionados em linha. Os níveis de barreira podem ser variados para unir necessidades individuais. A Tetra Pak afirma que os resultados obtidos nos testes realizados mostraram que a sobremoldagem produz uma maior consistência em revestimento que as possíveis com desempenho de multiúso coinjetado.

O trabalho de desenvolvimento da Tetra Pak continua e existiam planos para introduzir esse sistema de barreira no início de 2000. O desempenho de barreira produzido será apropriado para o uso em todas as máquinas de moldagem a sopro por esticamento.

O fabricante de máquinas de frascos a sopro, Bekum, afirma: "As exigências de embalagem de barreira especial de produtos de aerossol são, idealmente, adaptadas para coextrusão. As camadas exteriores de recipiente devem permanecer estáveis, enquanto, ao mesmo tempo, o interior deve suportar a redução em volume quando o pulverizador ou a bomba são pressionados". A Figura 2-8 mostra a função de uma possível estrutura de seis camadas: enquanto ocorre pulverização, o recipiente deve impedir que o ar do ambiente entre em contato com o restante das substâncias ativas do produto.

Figura **2-8**
Propriedades de barreira funcional de um frasco de seis camadas coextrudado

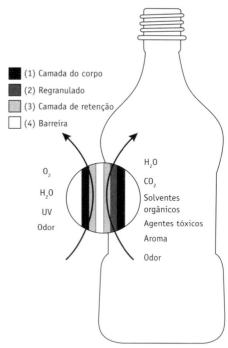

Fonte: Bekum

A empresa Bekum afirma que "as necessidades diversas dos farmacêuticos são, muito frequentemente, só atendidas com o uso de embalagens de barreira coextrudadas". As estruturas compostas por até seis camadas protegem um produto de qualidade elevada das influências ambientais externas, garantindo, desse modo confiável, a vida de prateleira dos ingredientes ativos dentro da embalagem. A parede interna do frasco pressurizado se ajusta ao volume do produto interno reduzido gradualmente por delaminação, o que impede qualquer permeação rápida do oxigênio por meio das paredes e, consequentemente, a deterioração do produto.

Duas ideias similares vêm do Japão e ajudam também a estender a vida de prateleira do produto. O fabricante líder de cosméticos, Shiseido, desenvolveu dois frascos separados, ambos com exteriores estáveis, mas com volumes internos reduzidos. Um possui três lados com apenas um contato de três pontos entre as paredes internas e externas. À medida que o volume interno diminui, o contato de três pontos permanece, mas as paredes internas intermediárias tornam-se progressivamente de formato convexo quando o volume diminui. O outro frasco é um recipiente de multicamadas no qual as camadas internas se delaminam (como ocorre com a ideia de Bekum) quando o volume do produto diminui. À parte a similaridade funcional, não há nenhuma conexão conhecida entre as ideias da Bekum e da Shiseido.

3

tipos de embalagens
rígidas e flexíveis

Embalagens plásticas rígidas e flexíveis cobrem uma ampla gama de tipos de embalagens e de materiais. Por muito tempo ambas têm sido usadas juntas em etiquetas de recipiente e em fechos tipo zíper. Bicos moldados por injeção e distribuidores móveis em bolsas, primeiro (aparentemente) descritos em patentes há cerca de 50 anos, têm recentemente se tornado lugar-comum.

Além das embalagens rígidas e flexíveis há, também, um terceiro grupo importante: as embalagens semirrígidas. A rigidez do pacote varia dependendo do projeto estrutural, da espessura e das propriedades do material. Mesmo "pacotes rígidos", que na verdade são semiflexíveis, podem ser funcionalmente aceitáveis. No entanto, o conceito de embalagem flexível também mudou. Há agora um excesso de embalagens autossustentadas feitas de materiais flexíveis ou semirrígidos. Os líquidos acondicionados em bolsas tipo *stand-up* de fundo reforçado são um exemplo típico disso. Os multipacotes podem ser constituídos de materiais rígidos e flexíveis. Dois ou mais pacotes individuais rígidos de varejo estão dentro de um envoltório exterior flexível de filme de papel ou de filme plástico. Quando se deseja deixar que os consumidores vejam o interior dos pacotes, até mesmo uma folha plástica semirrígida fina pode ser usada.

Embalagens de bens de consumo

Os tipos de embalagens de bens de consumo são recipientes de parede fina, frascos, tubos, tampas e fechamentos, além de filmes e chapas, folhas, saquinhos (sachês), bolsas e etiquetas, e também multimateriais, como o pacote *blister* formado a vácuo com suporte de papelão. As áreas de crescimento incluem embalagens ativas (e filmes respiráveis), aplicações de segurança velada que fornecem a evidência de violação (incluindo hologramas), filmes de barreira e recipientes, assim como os tão chamados materiais "espertos" (11).

Embalagem flexível para bens de consumo

Os vários tipos de embalagem flexível são:

estudo de **embalagens para o varejo**

- sachês, bolsas planas, embalagem de torção e envelopes;
- sacos, bolsas invólucro de fluxo e pacotes de descanso;
- pacotes verticais tipo *form-fill-seal*;
- pacotes horizontais tipo *thermoform-fill-seal*;
- pacotes horizontais tipo *form-fill-seal*;
- pacotes resseláveis;
- etiquetas resseláveis de filme transparente ("sem etiqueta aparente");
- etiquetas e cintas de segurança de filmes encolhíveis;
- corpos de tubos colapsáveis (dobráveis);
- fitas adesivas de segurança;
- pacotes internos móveis.

As variações incluem bolsas de distribuição, pacotes tipo "abre fácil", pacotes de autoabertura para uso em fornos de micro-ondas, e sacos ou bolsas com desgaseificante, válvulas ou pontos de distribuição. Os fechamentos a quente, constantes em bolsas de uso singular, podem incluir um canal de saída.

A barreira é adicionada pela escolha de material e/ou pela metalização, bem como pela deposição de plasma ou de revestimento. Alguns tubos pressurizáveis têm sempre um ou mais filmes plásticos ou mesmo camadas de lâmina. Agora estreitos, os sacos retangulares com um ombro de PP rígido de rosca tampada e bico são formados horizontalmente e usados como tubos *squeezable*. O *Soft Tube* da Obrist, introduzido na Interpack'99, é um bom exemplo disso (66).

Embalagem rígida para bens de consumo

Os vários modelos de embalagens rígidas são moldados principalmente a sopro, pois suas paredes finas são termoformadas e moldadas por injeção. Esse tipo de moldagem inclui tanto sopro por extrusão quanto sopro por injeção-estiramento. Tampas produzidas em equipamentos rotativos de compressão de alta produção são usadas agora mais para termoplásticos que para termofixos.

Alguns exemplos dos principais usos dessas embalagens são:
- frascos e jarras;
- bandejas e tubos;
- copos descartáveis;
- potes de iorgute;
- tubos e garrafinhas;
- estojos;
- tampas, fechos e bicos;
- recipientes de todos os tipos;
- materiais de amortecimento.

Os processos adicionais incluem revestimento e decoração por metalização ou *hot-stamping*. Uma recente adaptação é o espelho interior metalizado em uma tampa de estojo articulada de polipropileno.

Pacotes de autoventilação (pacotes com válvulas embutidas)

A resistência à temperatura é uma característica importante dos materiais usados em embalagens plásticas flexíveis e rígidas. Sua importância inclui a selagem a calor e o preenchimento a quente até 95 °C ou mais. Novos usos para os produtos embalados a serem aquecidos em fornos de micro-ondas possuem a vantagem de uma certa resistência à temperatura do material. As válvulas automáticas, em bolsas flexíveis, permitem que o vapor escape sem estourar os selos. Da mesma forma, a válvula de elastômero silicone, no flange de um pacote de bandeja de plástico selado, se abre para permitir que o vapor escape do pacote ainda selado dentro de uma câmara de pressão durante o processamento do alimento. A válvula se fecha para prover um pacote hermeticamente selado antes de sair da câmara.

Válvulas de elastômero de silicone, com fendas centrais de pré-corte ou cortadas em cruz, são agora bastante utilizadas como fechamentos de distribuidores líquidos de frascos e tubos plásticos pressurizáveis (67). O conceito tem 50 anos de idade, mas não foi totalmente comercializado até os anos 1980. Por algum tempo não se percebeu que o escoamento poderia ocorrer se os frascos fossem sujeitos a determinadas condições adversas, tais como pressões de cabine de um avião ou espremidos dentro de uma mala cheia. As válvulas abririam involuntariamente e a aparente conveniência do frasco de xampu do viajante foi prontamente negada. Esses fechamentos valvulados agora têm sido modificados para resolver o problema.

Uma solução óbvia devia ter uma sobretampa que, em sua posição fechada, fornecesse uma tampa praticamente móvel quando em contato direto com a válvula. Mesmo que a válvula seja forçada a abrir, o líquido não poderá escapar. Os problemas mais recentes surgiram porque as tampas não estavam em contato direto com a válvula. O líquido emergente não passava somente pela válvula, mas às vezes era capaz de passar pela tampa e vazar para itens próximos.

Recipientes híbridos

Exemplos de recipientes híbridos, tirados das combinações de embalagens flexíveis e rígidas, incluem recipientes e frascos etiquetados *Inmould*, bem como potes de iogurte com parede lateral etiquetada, *blister* e pacotes *strip* (de tira). Até mesmo tampas de polipropileno para distribuidores de polietileno flexíveis e tampas nas bocas de frascos de vidro poderiam ser incluídos em uma lista de descrições de tipos híbridos de pacote (veja o Capítulo 6, "Pacotes híbridos").

Filmes plásticos de barreira

Filmes de barreira elevada, multicamadas ou revestidos com uma camada fina de óxido inorgânico ou metalizado estão substituindo laminados contendo alumínio por várias razões, tais como transparência, detecção de metal, aquecimento de micro-ondas e ecologia. Evidências práticas mostram que suas barreiras podem proteger adequadamente produtos sensíveis a oxigênio e umidade, como pó de café. Suportam também as pressões de autoclave (68, 69, 70) e suas propriedades mecânicas permitem seu uso como bolsas de refil para detergentes em pó e líquidos, assim como para fornecer resistência a gorduras e óleos necessários em forros de *bag-in-box* para óleos de cozinha.

Filmes modernos oferecem melhor proteção física do que anteriormente para produtos empacotados, assegurando aroma e retenção de gás, ainda que sua espessura seja provavelmente menor que 20 mícrons (71, 72, 73, 74). Incluem ainda estruturas típicas de cinco camadas com uma camada de barreira de etileno-álcool vinílico. Avanços no desenvolvimento de matérias-primas, novas tecnologias de polimerização e catalisadores inovadores contribuíram para esse processo de "emagrecimento melhorado". Processos de manuseio melhorado para esses materiais delgados também têm ajudado. A qualidade de termoformagem é melhor para lâminas tipo "puxa fora", nas quais as velocidades têm aumentado, as tolerâncias são mais fechadas e o desempenho de embobinamento é agora "excepcional". Uma ajuda adicional veio das técnicas sofisticadas de controle, bem como dos dispositivos de monitoramento avançado e eletrônico *high tech*.

4

aplicações de
embalagens flexíveis

Existem três tipos de aplicações de embalagens flexíveis e todos se enquadram nas seguintes categorias:

▸ produto e/ou pacote dirigidos pelas necessidades do mercado;

▸ fornecer a proteção e/ou vida em prateleira do produto;

▸ produção dirigida por uma produção eficiente.

A maioria dos exemplos relaciona-se às duas primeiras categorias. Compreensivelmente, as empresas não estão dispostas a divulgar seus métodos de produção. Desde que um observador independente não esteja informado da razão para uma escolha particular, somente duas classificações são usadas aqui. Os dois primeiros grupos são tratados como um só.

Uma propriedade física importante de um material de embalagem flexível é sua permeabilidade (respirabilidade). Um outro fator importante é a porosidade, definida como "a taxa de movimento de ar por meio de uma amostra de teste". Para materiais de embalagem flexível com os furos de tamanho macro (perfurados ou de fibra têxtil), essa definição pode ser lida como "a taxa de passagem de água e do vapor de água".

O filme de celulose é muito permeável ao oxigênio e pode ser usado para envolver produtos frescos que respiram. Para conseguir níveis similares, os modernos filmes plásticos precisam ser perfurados. Entretanto, bactérias não desejadas podem entrar pelos furos.

Por uma razão diferente, as fibras têxteis de tecidos e não tecidos necessitam ser altamente porosas. Os sacos de chá e de café precisam que a água entre livremente para a infusão da bebida. Para a embalagem de micro-ondas, quase o oposto é verdadeiro: o vapor tem de escapar para impedir que um pacote selado se rompa.

Mudanças no mercado de pacote dirigido com embalagem flexível

O mercado de iogurte para lanche – presente na lancheira das crianças – tem visto uma mudança dos copos plásticos rígidos para pacotes flexíveis que dispensam o uso de colher.

Em 1997, a Yoplait francesa liderou o movimento de não utilização de plásticos rígidos. O que todas as crianças precisavam fazer era "puxe e abra um pacote flexível (sem necessidade de tesoura) e sugue para fora o conteúdo". Como com as bebidas enlatadas, ingeridas pelo furo em uma extremidade aberta por um anel, os riscos possíveis de higiene são ignorados. O híbrido da Meiji Milk (rígido + flexível) ainda é o único pacote que pode enfocar adequadamente o design (veja o Capítulo 6, "Pacotes híbridos").

No final de 1997, o mercado da Yoplait testou Zap, iogurte acondicionado em uma bolsa de filme de alumínio de fundo reforçado com uma extensão ascendente pequena em um lado do selo superior (Figura 4-1). Perfurações de pré-corte de profundidade controlada facilitam rasgar essa extensão. Embora vendido como um produto refrigerado, o projeto da máquina tipo *form-fill-seal* vertical, Thimonnier M1500 (VFFS), usado pela Yoplait, tem, sem dúvida, se beneficiado da longa experiência anterior da produção de assépticos Doypack por meio de máquinas VFFS similares.

Figura **4-1**
Doypack estilo *standing pouch* com "rasga-fora" estendido na área de selo a quente superior

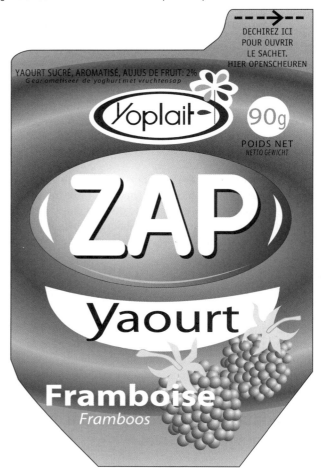

Fonte: Yoplait

capítulo **4** – aplicações de embalagens flexíveis

Lançado na Itália em 1998, o Zap da Yoplait foi logo copiado pela Danone, que criou uma versão em formato oval de pacote Unifill, da Elopak. Ao contrário da bolsa flexível usada pelo iogurte Zap, a Unifill é uma termoformagem de duas metades. As dobras duplas são termoformadas e seladas de modo individual, exceto no topo, e então o frasco é preenchido. Assim, as dobras são termoformadas verticalmente para baixo, mas os pacotes depois viajam horizontalmente para enchimento e selagem da borda superior. Os usos incluem produtos para crianças em bolsas formadas tipo Zap e pacotes Unifill. O tamanho é ideal para lancheira escolar.

A forma original de tetraedro da Tetra Pak voltou a ser utilizada nesse mercado de lancheira. No outono de 1999, era o pacote escolhido para uma gama de sobremesas assépticas destinadas às crianças francesas, competindo com embalagem *stick-pack* (tipo unidose) da Yoplait e da Chambourcy, da Nestlé. Essa embalagem *stick-pack* tem perfurações "rasga-abre". O termo *stick-pack* – longo, diâmetro estreito, sachês de VFFS – vem do Japão. Praticamente não utilizado na Europa, a Yoplait usa o subtítulo "tubos" para que os consumidores saibam o que é o pacote e qual é o seu uso.

Embalagem flexível para produtos perecíveis

Melhorias nas propriedades físicas incluem barreira adicionada (pacotes rígidos e flexíveis), filmes perfurados e revestimentos antiembaçamento para pacotes contendo vegetais cortados que precisam respirar. Embalagem de atmosfera modificada e asséptica (*Asseptic and Modified Atmosphere Packaging* – MAP) usa embalagem rígida e flexível. Esses são mercados-chave para embalagens de bens de consumo.

Uma inovação não percebida é a chegada ao mercado de filmes, recipientes e fechamentos de embalagem com os absorvedores de oxigênio embutidos para realçar a vida de prateleira do produto. Tal fato é balizado pelo desenvolvimento continuado das válvulas de sentido único, que permitem que o dióxido de carbono escape dos pacotes flexíveis de pó de café (75).

Embalagem de Atmosfera Modificada (MAP)

A demanda ou produção de embalagem para produtos frescos está crescendo rapidamente (76, 77, 78, 79, 80, 81). A principal solução, Embalagem de Atmosfera Modificada (MAP), inclui filmes respiráveis que evitam o embaçamento. O Freshcap, da Algroup Lawson Mardon (ALM), fornece uma ampla gama de especificações adequadas por meio da seleção de materiais apropriados. A barreira ao oxigênio pode variar de valores menores que 1 $cc/m^2/dia$ até filmes altamente permeáveis, ou seja, acima de 4.000 $cc/m^2/dia$. Nos Estados Unidos, as membranas superpermeáveis Intellipac, da Landec, bem como pacotes da Printpack, levaram a um desenvolvimento em conjunto. A Printpack afirma que "produtos frescos continuam a respirar oxigênio e a emitir CO_2 mesmo depois de cortados, lavados e colocados em uma embalagem selada". A vida de prateleira pode ser prolongada usando-se a Embalagem de Atmosfera Modificada Intellipack com polímero Itelimer, da Landec. A permeabilidade da Intelimer muda com a temperatura (82, 83, 84, 85, 86).

Filmes com propriedades antiembaçamento são importantes tanto para produtos de corte fresco (sacos de VFFS) como para filme superior de embalagem de carne (87). Os materiais necessitam ser selecionados para fornecer as melhores características de selagem, particularmente de desempenho de aderência a quente. O Freshcap 8, da ALM, é uma gama de filmes de OPP de superfície impressa ou transparente com camadas internas de filme antiembaçamento. Isso está sendo usado, por exemplo, pela Bourne Salads e pela Vitacress Salads, ambas fornecedoras de produtos frescos e saladas mistas para supermercados britânicos. As permeabilidades típicas para os tipos FC8 1-3 (como as fornecidas pela Lawson Mardon) são:

- *vapor de água*: a 38 °C e UR de 90% – 4-5 g/m²/dia;
- *oxigênio*: a 25 °C e UR de 0% – 800-1.200 cc/m²/dia;
- *nitrogênio*: a 25 °C e UR de 0% – 270-400 cc/m²/dia;
- *dióxido de carbono*: a 25 °C e UR de 0% – 3.000-4.500 cc/m²/dia.

Para uma embalagem de atmosfera modificada e controlada de carne fresca, como carne de aves domésticas e de peixe, a ALM recomenda filme de poliéster de 12 μm revestido com PVdC laminado em um polietileno revestido de antineblina de 50 μm (Freshcap 4N/50). As permeabilidades típicas (como as fornecidas pela Lawson Mardon) são:

- *vapor de água*: a 38 °C e UR de 90% – 5-6 g/m²/dia;
- *oxigênio*: a 25 °C e UR de 0% – 8-10 cc/m²/dia;
- *nitrogênio*: a 25 °C e UR de 0% – 2,5-3,5 cc/m²/dia;
- *dióxido de carbono*: a 25 °C e UR de 0% – 24-30 cc/m²/dia.

A tecnologia de filme adaptável (AFT) tem muito potencial de uso em produtos embalados – produtos frescos, curativos médicos para queimaduras, liberação de dosagem de desodorante, válvulas térmicas em bolsas de micro-ondas e etiquetas de advertência sensíveis à temperatura. Isso tudo modifica a atmosfera ao redor dos produtos embalados, ou seja, para um produto fresco é fornecida a proporção correta necessária de oxigênio e CO_2. A chave é um filme desenvolvido no Centro Wolfsen da Universidade de Brunel, que permite aos produtos embalados, tais como os produtos frescos, respirar. Dessa forma, a vida de prateleira é prolongada, permitindo que os produtos cheguem às mãos do cliente na melhor condição possível.

Bolsas no formato do produto

O produtor britânico de alimento para animais de estimação, Gilbert & Page, causou sensação em 1998 ao introduzir bolsas *stand pouch* na forma de gato para a comercialização, no mercado britânico, de seu alimento seco para gatos, chamado Umami. As bolsas são feitas de laminado de PE/folha de alumínio/filme de PET com impressão interna. O produtor Kobusch Folien afirma que praticamente qualquer forma é possível, assim, tais bolsas são utilizadas em projetos de impressão em toda a parede lateral. Toda a informação do produto é visível na base reforçada. Esse "conceito de bolsa no formato do produto" é similar a um conceito proposto muitos anos atrás pela Cambridge Consultants para bolsas de bebidas em formato de fruta.

capítulo **4** – aplicações de embalagens flexíveis

Um segundo pacote de Kobusch, mostrado somente uma vez publicamente como um conceito, é uma bolsa *stand-up* com um dispositivo de medição em V moldado por injeção com vertedor do conteúdo em um dos cantos superiores (88). A primeira concha em V fornece uma dose de medida entre 5 ml e 50 ml e age, então, como um vertedor para líquido, pó ou grânulos. O fabricante de dosagem Bettix usa os mesmos princípios com a concha que os usados em seu negócio de recipientes de dosagem moldados por injeção.

Tampas de pote de laticínios, sem alumínio, pré-cortadas

Nyffeler Corti, filial do produtor Chadwicks, de Bury, e a DuPont Melinex abriram caminho conjuntamente para o desenvolvimento de uma tampa de filme de poliéster pré-cortada para potes de laticínios. O material, Le Top, da Melinex, é microperfurado para impedir que as tampas empilhadas, pré-cortadas, adiram uma às outras. O uso, por vários tipos de produtos, está aumentando consideravelmente. Os benefícios do Le Top incluem:

▶ descasca fácil sem rasgar;

▶ resistência a furos;

▶ 100% de barreira à luz UV;

▶ aparência branca brilhante que ajuda o reconhecimento da marca;

▶ definição elevada de impressão fornecendo imagens definidas em cores mais brilhantes;

▶ detecção não destrutiva de metal no produto acabado.

Bolsa de "sensação acetinada"

O produto francês Soplaril tem desenvolvido uma bolsa tipo "refil" (livre de posição, fundo trançado) e no estilo Doypack de "sensação acetinada" para detergentes líquidos. Feito de PE branco coextrudado e de filme de PE metaloceno, o PaperFeel (sensação de papel) tem acabamento acetinado e parece papel quando tocado. É 100% reciclável. O filme tem boas propriedades de dobra e de rigidez (24).

Filme "como papel"

O produtor britânico Harrier Packaging está usando uma blenda específica de PE de médio e alto peso molecular para seus filmes de sensação de papel de resistência à umidade e à gordura, cujas características-chave são vincos afiados e dobras completas. Diz-se desse material que ele deve se parecer com e ser sentido "como papel". A engenhosa barra de giro em uma impressora flexográfica de Shiavi permite que o filme de três camadas, tubular, seja impresso dos dois lados em uma passagem.

Filme "abre fácil"

Um método "abre fácil" para multipacotes de filme *shrink* (encolhível) foi desenvolvido em conjunto pela DuPont e Soplaril. Easy-Up é uma estrutura de PE Surlyn preferencialmente orientada "com proporções específicas de cada elemento". A Soplaril descobriu que as quantidades dadas tornaram-na fácil de abrir pacotes, destacando-se uma fita reta linear que os atravessa. A Perrier adotou o Easy-Up como um dispositivo "mágico" de fácil

estudo de **embalagens para o varejo**

abertura (89). O segredo é a estrutura molecular de ionômero de Surlyn. A formulação específica usada lhe dá uma propagação perfeitamente retilínea, transversal. Cada ato deliberado de rasgar está se perpetuando no sentido transversal, o que dá acesso fácil e controlado aos conteúdos.

Selos destacáveis

Esses selos estão sob desenvolvimento constante por muitos produtores de embalagem flexível. Polímeros adequados incluem o polibuteno (PB) e os ionômeros. Usados em coextrusão, sua resistência ao destaque e ao desempenho pode ser ajustada para aplicações individuais. A tecnologia tipo "desprende fácil" tem sido desenvolvida por empresas como BP-Amoco, DuPont e Shell[1] já há uma década. Baseada no polibuteno em conjunção com ionômeros ou outros termoplásticos, a tecnologia fornece pacotes fáceis de abrir, seguros, que por conveniência hoje demandam produtos como alimentos prontos para comer (42). O desenvolvimento de um produto pela Shell incorporou o comportamento destaca fácil a um selo de filme forte pela introdução da incompatibilidade molecular, o que reduz eficazmente a força necessária para romper o selo. As concentrações baixas (máximo de 25%) de polibuteno são misturadas com as de polietileno (ou copolímeros de etileno, incluindo o etileno-acetato vinila e o etileno-metil acrilato) e uma incompatibilidade microscópica ocorre. Existe o que a empresa chama de "ilhas" de polibuteno dentro da matriz do polímero. Os selos, entre os filmes feitos de tais blendas de PE/PB, contêm interfaces entre as ilhas de PB e o PE, resultando em uma ligação fraca. Quando um consumidor destaca para trás o filme ou o puxa à parte, a separação ocorre na estrutura. As ligações fracas de PE/PB quebram melhor do que se quebrássemos ao longo da linha de contato das superfícies do filme. Isso é conhecido como um selo "coesivo". Tal conceito não é novo. O desenvolvimento em andamento na Shell tem, entretanto, refinado a tecnologia, tornando-a um fato certo de que selos abrirão prontamente com força mínima. As aplicações incluem selos de tampa de bandeja, sacos ou bolsas de embalagens flexíveis. Pacotes de café em pó embalados a vácuo foram um dos primeiros produtos a se beneficiar dos selos destacáveis.

Pacotes à base de adesivo resselável

Quando um número crescente de pacotes flexíveis resseláveis começou a usar zíperes, sistemas à base de adesivos foram desenvolvidos. Pelaseal, da Soplaril, é um filme multicamadas para tampas de bandeja. A camada do núcleo faceando o lado oposto da camada branca pigmentada de contato de produto tem um revestimento adesivo sensível à pressão. Destacando, a tampa quebra a ligação da camada de contato do adesivo-produto, mas somente na largura do flange de selo a calor. Essa tira adesiva exposta é adequada para resselar o pacote, uma vez que não há contato com o produto. Os usos próprios incluem tampas para pacotes tipo *thermoform-fill-seal* de carnes cozidas cortadas. Os consumidores podem abrir e fechar o pacote quantas vezes desejarem. Além disso, a camada original branca do produto permanece no flange da bandeja, agindo como um indicador evidente de violação. A Soplaril afirma que a estrutura da tampa é (de fora para dentro) de PET/PVdC/PET/adesivo/PE rompível. Bandejas de PVC e PE são usadas para o produto.

---

[1]   A Shell vendeu seus negócios de polibuteno para a Basell.

capítulo **4** – aplicações de embalagens flexíveis

Uma ideia similar de "adesivo enterrado" foi desenvolvida pela empresa sueca Swedtryck e pela Sudpack, especialista em filmes plásticos impressos. O produto é comercializado, na Suécia, pela Antonson Co. Essa ideia foi usada também para carnes cortadas e cozidas. "Resselá-la" é realmente uma etiqueta que produz pacote resselável de fácil abertura. É aplicada em envoltório de fluxo, em VFFS e em máquinas de termoformagem. A etiqueta dobra como uma tampa resselável depois que um pacote flexível foi aberto. É feita de filme adesivo de multiúso, ao qual é ligada por um adesivo sensível à pressão. Antonson afirma que o adesivo é "aprovado para o uso em embalagens de alimento". Os pacotes são formados e preenchidos em um caminho normal. Antes de selar, entretanto, um círculo é perfurado com um prego (tacha) no centro da tampa de barreira. A etiqueta adesiva de multicamadas é colocada sobre essa tampa. Isso serve, primeiro, como uma etiqueta; depois de aberto, como uma tampa refechável, desde que a etiqueta seja maior que o círculo de filme perfurado. O refechamento é possível porque o adesivo exposto na área circunvizinha da etiqueta pode simplesmente ser pressionado contra a superfície superior de filme restante no pacote.

Selo zip de escape-livre

Innolok é um sistema de embalagem resselável à base de fecho que, em 1998, ganhou o primeiro lugar do "Top Package Awards" de inovação pela Associação de Embalagens Flexíveis dos Estados Unidos (91). Desenvolvido pela Hudson-Sharp Machine Co., o Innolok é um produto patenteado e um método de inserir fechos de zíperes refecháveis em máquinas tipo *thermoform-fill-seal* horizontais e verticais. Os zíperes são aplicados transversalmente às bordas do filme, sem passar na área de selo. A empresa afirma que isso evita a possibilidade de escapes por causa das distorções dos zíperes convencionais, de largura total, durante a selagem a calor. Licenças europeias incluem Rovema, Autobar Packaging e FPF Packaging Solutions.

Redução de infecção

O Conpol, da DuPont, é um aditivo de peneira molecular que, quando usado com suas resinas de ionômero Surlyn, reduz o possível contato de bactérias com os produtos de um pacote. A combinação foi desenvolvida com o produtor britânico Brand Packaging. Seu primeiro uso foi o embrulho exterior para balas produzidas na Holanda pela Van Melle Breda. A solda a quente de Surlyn e (relativamente) a habilidade de selagem a baixas temperaturas indicam que filmes com essa camada selante funcionam mais rapidamente, provendo, então, um benefício a mais para os usuários finais.

Filmes de embalagem de torção

Alguns tipos de PEAD foram desenvolvidos para filmes de embrulho de torção, competindo, assim, com o OPP[2] e a celulose natural. A resina de PEAD GD 9555 tem rigidez elevada e resistência necessária para embalagens de torção. Quando coextrudados com uma segunda

---

[2] No Brasil, filmes de PP não orientados têm sido usado em embalagem de torção para balas desde os anos 1980.

40

estudo de **embalagens para o varejo**

poliolefina, filmes com boa performance em máquina de embalagem tipo *twist-wrap* (de torção) são produzidos. O GD 9555 foi desenvolvido especialmente como um *benchmark* para produtos de resina de filme PEAD para o mercado de embalagem de torção.

▍ Pacotes farmacêuticos de *blister*

O filme de policlorotrifluoretileno (PCTFE) tem uma barreira ao vapor de água excepcionalmente elevada. Seu maior uso é o filme base (*rollstock*) em embalagens farmacêuticas de *blister* – laminados sobre filmes de PVC, PP ou PET-G (92). A camada superior do PTP (*press through pack*) é a folha de alumínio de 20 µm. As espessuras da camada, sobre todo o fundo, são entre 100 µm e 250 µm, dependendo das necessidades do produto. Filmes de PE podem, também, ser incluídos. Dentro de cada um, a espessura de PCTFE é entre 38 µm e 75 µm.

Tabela **4-1**

Barreira ao vapor de água de laminados planos para pacotes *blister*

Estrutura	TPVA* (MVTR) (g/m²/24 hrs)
38 µm PCTFE copolímero/200 µm PVC	0,31
20 g/m² PVdC/PVC triplo	0,32
90 g/m² PVdC/PVC	0,35
60 g/m² PVdC/PVC	0,55
40 g/m² PVdC/PVC	0,97
300 µm PP	1,00
200 µm PVC	5,00

* ASTM F1249-90% (38 °C 90% RH)
Fonte: Allied Signal

Tabela **4-2**

Barreira ao vapor de água de PCTFE NT *versus* filme de PVdC

Estrutura	Espessura de PCTFE (mícron)	TPVA* (g/m²/24 hrs)
40 g/m² PVdC	–	0,97
PCTFE homopolímero NT	7,0	0,92
PCTFE homopolímero NT	8,4	0,78
60 g/m² PVdC	–	0,55
PCTFE homopolímero NT	12,5	0,53

* ASTM F1249-90% (38 °C 90% RH)
Fonte: Allied Signal

A barreira ao vapor de água pode ser ajustada na coextrusão pela mudança do conteúdo de PCTFE. Quando o desempenho de barreira muda, o custo também muda. Para dar forma

capítulo **4** – aplicações de embalagens flexíveis

a pacotes de *blister*, este são, primeiro, laminados sobre um substrato, tais como PEAD, filme de PEBD, PAN, PET-G, PP ou PVC. Para outros usos, a escolha de barreiras limpas do PCTFE sobre folha de alumínio oferece vantagens de "visibilidade do produto" no mercado. Da mesma forma, a inspeção visual do conteúdo é possível sem abrir o filme de barreira. As inovações futuras poderiam ser filmes de PCTFE mono ou biaxialmente orientados. A orientação fornece a mesma barreira à umidade que um filme 50% mais fino. São inadequados para pacotes tipo *blister*, mas novos usos, como tampas de barreira elevada, bolsas, pacotes de tira e aplicações similares de embalagem de barreira elevada são possíveis para produtos sensíveis à umidade. Aqui, filme orientado de PCTFE fornece a oportunidade de melhorar ainda mais a barreira à umidade por unidade de espessura.

Filme de celulose

O uso de filme regenerado de celulose[3] está declinando lentamente. Esse filme perdeu muito de seu único grande mercado, balas embrulhadas por torção, para filmes de PEAD e de OPP. O uso para outras aplicações, tais como faixas encolhíveis por calor – de evidência de violação – em torno das bocas do recipiente ou do frasco, está caindo também. Os fabricantes de filmes pretendem mostrar que ainda há vantagens em nichos de mercados, como os bens de padaria embrulhados com dobra, em que a habilidade de aderência de dobra do filme vem por si mesma. Diversas possibilidades de embalagem em potencial têm ainda de ser tentadas, como filmes de micro-ondas, novos efeitos decorativos e mudanças em propriedades de barreira a gás. O filme de celulose tem uma barreira elevada de gás natural, mas não oferece nenhuma resistência à umidade. O produtor europeu líder nesse mercado, UCB, afirma que "filme de celulose é um filme esperto", pois ajusta automaticamente sua barreira de gás às circunstâncias, auxiliando, assim, a proteger o produto. A organização visa adequar seus produtos de filmes revestidos para atender às necessidades de clientes específicos. Por exemplo, acredita-se que o filme de celulose seja frequentemente mais apropriado que filmes termoplásticos: ele tem resistência à gordura e ao óleo, bem como estabilidade térmica elevada, e impede que bactérias entrem em um pacote selado. A sequência livre de problemas em máquinas é um benefício a mais que os produtores possivelmente negligenciaram no passado.

Filme de celulose é respirável para níveis de umidade e permeabilidade que podem ser controlados com revestimentos de polímero. Filmes plásticos, por sua vez, têm de ser perfurados para alcançar os mesmos níveis, permitindo que as bactérias entrem através dos furos. Essas vantagens em potencial são obscurecidas pelo domínio crescente do filme de poliéster.

Fibras tecidas e não tecidas

As fibras naturais e sintéticas não são os materiais mais óbvios de embalagem flexível. Elas são, entretanto, usadas para tecidos com fibras de celulose e rayon – até mesmo para os "diários" saquinhos de chá (*teabags*) (75). As fibras não tecidas seladas a calor foram a etapa seguinte.

---

[3]   Celofane.

estudo de **embalagens para o varejo**

No Japão, assim como os compostos, tanto os sacos de chá de fibra de poliamida quanto os de poliéster estão disponíveis. A rede fina de poliamida foi usada durante uma década. Os primeiros sacos não tecidos de poliéster foram produzidos comercialmente em 1997. Para tecidos e não tecidos, o conceito é similar ao de emplastros médicos contínuos, mecanicamente perfurados: mantém o produto no interior enquanto permite seu contato com o exterior.

Sacos de chá e café

Os primeiros sacos eram planos, depois vieram os sacos tridimensionais de rede de poliamida. Inicialmente (por volta de 1988), apesar de o formato do saco ser um tetraedro, eles foram vendidos comercialmente como "uma pirâmide". Os primeiros sacos verdadeiramente no formato pirâmide foram produzidos em 1999. Estes são enchidos e embalados como sacos planos com dois reforços. Quando as partículas da bebida absorvem a umidade e se expandem, os reforços abrem para dar forma a um saco de quatro lados. Ambos os tipos de saco têm uma corda e etiquetas anexadas. O benefício percebido de sacos formados, reconhecido subsequentemente e adotado na Europa pela Unilever, é que um saco tridimensional deixa espaço para que o produto inche e dê melhor infusão. Enquanto produzia sacos no formato de tetraedro, a Unilever patenteou um saco esférico – feito de três ou quatro segmentos que são juntados em suas bordas para formar uma estrutura esférica quando imersos em líquido. Para o chá, em que finos produtos são predominantes, os sacos atuais da Unilever são convencionais, mas tecidos. Desde que sua patente se refira principalmente à forma, os sacos poderiam ser não tecidos. Um outro usuário está nos Estados Unidos, onde o café em pó da Procter & Gamble é embalado em sacos de rede não tecidos.

Aplicações de aquecimento em micro-ondas

As bebidas quentes não são os únicos usos de embalagem de tecidos não trançados. Ao mesmo tempo em que os primeiros sacos de chá de poliamida apareceram, também surgiram refeições prontas de micro-ondas em bandejas de filme tampado. No coração de uma válvula de liberação de vapor no filme da tampa estava um tecido não entrelaçado que permitiu que o vapor escapasse. Do Japão vêm, de novo, duas aplicações a mais para micro-ondas, muito mais recentes – bolsas flexíveis. Em uma dessas bolsas, um filme plástico exterior é laminado para um fio interior não entrelaçado. Quando usados para aquecer batatas fritas congeladas, por exemplo, os fios não tecidos absorvem o excesso de gordura e umidade presente na superfície da batata. A licença europeia para essa tecnologia foi obtida pela Teich, da Áustria. A segunda aplicação é uma bolsa com uma tira de tecido plástico não entrelaçado introduzida em seu selo superior a calor. Pode ser produzida em massa nas máquinas convencionais de fazer saco (93). A tira fornece um respiradouro para o vapor gerado escapar quando o alimento na bolsa selada é aquecido em um forno de micro-ondas.

▌ Embalagem para micro-ondas de autoventilação

Começando na primavera de 1998, um fluxo constante de alimentos de micro-ondas, acondicionados em bolsas flexíveis de autoventilação, apareceu no Japão. Os mecanismos para o escape de vapor variam[4], mas incluem:

---

[4] COLES, R. E. "Tokyo pack review". *Packaging News* (Janeiro 1999).

capítulo **4** – aplicações de embalagens flexíveis

- uma tira de tecido não entrelaçado ocultada sob a selagem longitudinal da parte traseira de uma bolsa de VFFS;
- uma falha do selo a calor localizada no final ultraestreito (bolsa de VFFs);
- uma falha de aderência localizada na ligação do selo a calor (no centro da selagem longitudinal da parte traseira de uma bolsa de VFFS);
- nos furos perfurados cobertos por uma fita adesiva de filme *shrink* (bolsa de VFFS);
- na falha de aderência localizada na ligação do selo a calor entre bandejas e tampas de papelão revestidas de PE.

Todos esses mecanismos estão em uso comercial.

Os aditivos de processos ajudam a manufatura eficiente

A gama de Filmlink da English China Clay (ECC) de carbonato de cálcio revestido melhora as propriedades mecânicas (resistência) e a processabilidade (produções mais elevadas) de filmes de poliolefina extrudada e moldada. Os teores de carga podem ser acima de 30% p/p. Seus próprios resultados de teste mostram que o nível de benefício varia, dependendo do polímero usado. Nesse nível de 30% p/p, o Filmlink, um filme de PELBD base hexeno extrudado, funcionou 20% mais rápido, enquanto um filme do molde de mPELBD funcionou 50% mais rápido que suas contrapartes não carregadas. O aditivo de desempenho da ECC, ZytoCal, e um outro produto à base de carbonato de cálcio podem ajudar a reduzir tempos de ciclo por meio de um resfriamento mais rápido de embalagens moldadas por injeção e sopro. Dependendo do processo de moldagem e do projeto da peça moldada, aumentos de produtividade entre 10% e 40% são possíveis.

5

aplicações recentes de embalagens
plásticas rígidas

Moldagem e termoformagem

As bandejas e os recipientes termoformados feitos a princípio de lâminas expandidas de PP e, mais recentemente, de PET expandido cristalizado são as alternativas viáveis para suas contrapeças não expandidas. Os benefícios incluem uso reduzido de material e custos. Esses recipientes são levemente expandidos, mas, apesar disso, são considerados adequados às necessidades de embalagem unitária subsequente. Seu desenvolvimento envolveu superação técnica dos problemas de processamento. A lâmina de PP expandido tem uma janela relativamente estreita de processamento térmico. O desenvolvimento das soluções de alta resistência do fundido (*High Melt Strength* – HMS) resolveu esse inconveniente. As misturas convencionais de resina de PP com 15% de HMS fornecem a lâmina expandida extrudada; as estruturas de expansão são uniformes e estáveis. O uso de material diminui 20%, enquanto as velocidades de termoformagem são até 25% maiores.

Recipientes expandidos

Muitos fabricantes de máquinas e empresas de termoformagem foram rápidos em produzir produtos expandidos adequados de PP depois de os problemas estarem resolvidos. Um benefício percebido para PP é o aumento da isolação térmica como um desafio ao poliestireno expandido (EPS). Entretanto, o coeficiente de transferência de calor dos PP é o mais elevado. Consequentemente, só agora foi possível desenvolver recipientes expandidos de PP, os quais podem ser seguramente sustentados quando contêm produtos quentes. Um copo de sopa quente, produzido na Inglaterra pela Polarcup, ocasionou muita especulação a respeito dos processos de fabricação usados (Figura 5-1). Em contraste, somente duas empresas em todo o mundo desenvolveram e patentearam processos de PET expandidos cristalizados (Sekisui Plastics, no Japão, e Borden Global Packaging, na Europa). As duas empresas usam métodos diferentes, então é improvável que ocorra algum conflito de patente. As bandejas de PET precisam ser inteiramente cristalinas para ser usadas duplamente em forno de consumidor – a resistência a temperaturas até 220 °C ou mais é necessária.

Figura **5-1**
Usável em micro-ondas, copo de PP expandido termoformado para sopa

Fonte: Tesco

A lâmina expandida de PP não é mais usada só para conversão em embalagem feita sob encomenda. Recentemente, isso se tornou prática comum em máquinas de *thermoform--fill-seal*, usadas na produção de pacotes de alimentos congelados de micro-ondas. Bandejas expandidas de PP TiroFreeze, da TiroPak, feitas com resina de polipropileno Profax PF-814, foram as vencedoras mundiais do setor de embalagens do prêmio "1999 Industry Awards", da Montell[1]. A citação elogia o processo de termoformagem, que faz uso inteligente do efeito "memória" dos PPs.

Rebaixos

Profundos rebaixos no gargalo de frascos e recipientes soprados por injeção-estiramento (ISB) são agora possíveis, da mesma forma que os primeiros frascos de uma peça de ISB com alças integradas e/ou uma rosca interna. Sem um rebaixo, as bordas de recipientes de diâmetros largos desabam, e isso impede que recipientes de plástico soprados por estiramento sejam usados para pintura à base de óleo etc. A britânica Plastic Can Co. afirma que os recipientes soprados por estiramento de tampa de alavanca podem, agora, ser feitos com uma borda rígida de seção caixa com um rebaixo grande e uma base perfilada para empilhamento estável (94). A precisão do gargalo da pré-forma moldada por injeção é facilmente mantida após a moldagem a sopro por estiramento, de modo que tampas à prova de vazamento, resseláveis e não deformadas são produzidas. Dependendo das necessidades dos produtos, blendas de PET, APET, PP, PEAD e PET/PEN podem ser usadas. Do mesmo modo, o PET pós-consumo reciclado também pode ser processado. As licenças para usar a tecnologia em diferentes partes do mundo estão disponíveis (a licença britânica para recipientes de boca larga é da RPC).

---

[1] A Montell se tornou Basell após fusão com a Targor.

capítulo 5 – aplicações recentes de embalagens plásticas rígidas

Para produzir os rebaixos, a pré-forma tem um anel circular moldado em sua borda, concêntrica com a pré-forma do frasco. Soprando com força o corpo do frasco em direção ao anel, o fundo deste é forçado também para fora, ligando-se à parede do corpo, formando assim as partes lateral e inferior do rebaixo. Como a Figura 5-2 mostra, a parte superior do rebaixo é moldada por injeção no estágio de pré-forma. Um reforço pequeno, helicoidal e faceando para cima fornece a rosca interna, na qual os recipientes rosqueados são requeridos.

Se um segundo anel é adicionado à pré-forma além do primeiro que forma o rebaixo, frascos ISB de uma peça com alças podem ser feitos (Figura 5-3). A Plastic Can Co. afirma que esse anel mais externo deve ser mais longo que o usado para fazer o rebaixo. O comprimento extra é necessário para assegurar o contato com o corpo de pré-forma soprado.

Figura **5-2**
Recipientes moldados por injeção, estiramento e sopro com rebaixos e, se requerida, rosca interna

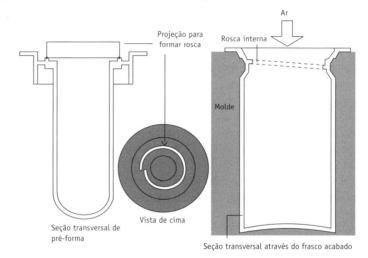

Fonte: Plastic Can Co.

Figura **5-3**
Primeiros frascos de uma peça de ISB com alças integradas

Fonte: Plastic Can Co.

Pacotes de dois componentes

De 1997 a 2000 houve diferentes desenvolvimentos para pacotes de dois componentes (95, 96, 97, 98, 99), como pulverizadores (*spray*) de aerossol e frascos de válvula *pump*. Para aerossóis, os conteúdos de dois ou mais recipientes de pulverizadores pressurizados são alimentados por meio de uma carcaça moldada por injeção para emergir como um único pulverizador. Um único atuador libera simultaneamente os conteúdos dos recipientes individuais. A luva de filme *shrink* impressa em torno dos corpos do pulverizador dá a impressão de um único recipiente, enquanto fornece informações e instruções ao usuário. Os produtos vendidos até agora têm, todos, "cavidade gêmea", mas três ou mais cavidades são possíveis. A britânica TECHpack está produzindo pulverizadores de bomba de compartimento duplo com tubos de mergulho. O perfil semicircular das duas cavidades de PET moldadas por ISB ou injeção cria um recipiente montado ao redor. Para a integralidade, as duas "metades" podem "sentar" em uma base arredondada de uma peça só. Esse é um caminho de travamento dos dois juntos. Como acontece com os aerossóis, os conteúdos são conectados ao mesmo atuador e, então, são dispensados simultaneamente em quantidades iguais. A empresa de cosméticos Helena Rubenstein, uma das primeiras usuárias da TwinPump (bomba de dupla ação) da TECHpack, pôs os dois componentes de sua preparação retinal de cuidados com a pele Power A nas cavidades separadas. Para serem eficazes, esses componentes não devem se misturar até serem aplicados – um bom uso da tecnologia. As bombas *spray* de dupla cavidade para pasta de dente de duas cores são as últimas a aparecer. Não somente os produtos Mentadent, da Unilever, e Blend-a-Med Synergy, da P&G, estão competindo uns contra os outros: seus recipientes de bomba de três lados, próximos entre si, parecem ser praticamente idênticos para observadores casuais. Um terceiro uso, e de um aspecto prático possivelmente mais lógico, é o de recipientes de dupla cavidade para sistemas adesivos de dois componentes.

Embalagem miniaturizada

Engenhosidade pura é mostrada pelo pacote para mini Polo, do "tamanho de um comprimido", da Nestlé do Japão[2]. Esse produto miniaturizado de confeitos chega agora à Europa com embalagem simplificada mas ainda modelada com base na original. Ambos produtos (o japonês e o europeu) usam um molde de injeção de anel-formado, oco, que imita a forma do produto empacotado. O pacote europeu tem uma cobertura falsa articulada sobre uma metade de sua superfície. Levantá-la revela um furo por meio do qual o produto minúsculo pode ser derramado. O anel superior inteiro, do original japonês, pode ser girado sobre a seção oca mais baixa. Os furos necessitam ser alinhados antes que o produto possa ser derramado para fora – o que não é difícil. Possivelmente, o diâmetro do produto tem o tamanho exato para apenas permitir que os furos forneçam o centro do "o" nas letras de Polo, gravadas na tampa superior rotacionável. Se o diâmetro do pacote japonês fosse tão grande quanto sua cópia europeia, o "o" gravado provavelmente seria grande o suficiente para que os mini Polos saíssem pelo seu centro. Entretanto, como as mãos dos japoneses são pequenas, talvez o pacote europeu seja muito grande para os usuários japoneses o segurarem com facilidade.

---

[2]   COLES, R. E. "Spotted in Japan". *Packaging News* (Outubro 1996).

Frascos PET e PEN para bebidas carbonatadas

A Associação Federal Alemã de Atacadistas de Bebida está tentando resistir ao crescimento do PET. Eles insinuam que os níveis residuais de acetaldeído (100, 101) são elevados demais e até mesmo maiores para alternativas mais caras de matérias-primas, como polietileno naftalato (PEN). Outros setores assumem outra postura diante desse assunto. Em 1997 havia duas inovações significativas. Na América do Sul, a Coca-Cola introduziu o PEN para frascos multiviagem de 1 litro de sua água mineral Minaqua, enquanto nos Estados Unidos a Anheuser Busch adotou frascos PEN para uma de suas cerve prêmio. Em 1999, a cervejaria Carlsberg usou frascos PEN para multiviagens, na Dinamarca, para suas marcas líderes: Carlsberg e Tuborg (102, 103, 104, 105, 106). A Carlsberg disse que os frascos têm uma vida útil estimada de aproximadamente 20 viagens sobre 3 a 4 anos antes de serem reciclados. Esses frascos têm as mesmas dimensões externas que seus equivalentes de vidro, mas como suas paredes são muito mais finas, eles contêm 15% a mais de cerveja para os consumidores. O frasco de 38 cl pesa 38 g. Quando enchido, é 35% mais leve que os frascos de 33 cl de vidro retornável, normalmente usados em toda a Dinamarca. O frasco PEN Maxi-T P, da Nippon Crown Cork (NCC), tem uma tampa de alumínio tipo "rasga fora". O produtor PLM de frasco PEN, parte do Grupo Rexam, afirma que o "PEN fornece uma vida de prateleira mais longa que os três meses dos frascos PET; além de preservar melhor o gosto da cerveja". Na Inglaterra, em 1998, a Carlsberg-Tetley introduziu um frasco de 50 cl PET/MXD-6/PET (72, 107). Essa embalagem também tem tampa de alumínio tipo "rasga fora" da NCC Maxi-T P. Esses frascos são feitos pela Schmalbach Lubeca PET Containers. Com os frascos PEN, a vida de prateleira é consideravelmente maior em relação aos frascos PET de monocamada.

A Saudi Basic Industries Association (SABIC), da Arábia Saudita, desenvolveu um tipo de PET-G para moldagem a sopro por estiramento para frascos de bebidas carbonatadas pressurizadas. Com sua base em ácido isoftálico e ácido tereftálico, esse copoliéster transparente modificado tem propriedades excelentes de barreira de gás e físicas – e oferece níveis elevados de retenção de carbonatação e resistência elevada à fluência, ambas características ideais de frascos soprados por injeção-estiramento.

Agentes clarificantes

A MillikenChemical é conhecida por seus produtos à base de sorbitol que clarificam o polipropileno (108). Millad 3988 é sua terceira geração, portanto, o último agente clarificante de PP. Os clarificantes da primeira geração eram termicamente instáveis – a sublimação da resina em superfícies mais frias causaria, ao longo do tempo, um acúmulo de materiais pegajosos não desejados em diversos lugares dentro das máquinas de moldagem. Os agentes da segunda geração superaram esse problema, mas tinham propriedades organolépticas pobres. A terceira geração da Milliken foi desenvolvida, especificamente, para superar todas as limitações precedentes. Questões como claridade, brilho, processamento e, particularmente, propriedades organolépticas do polipropileno foram melhoradas. A empresa afirma que os benefícios se aplicam aos recipientes feitos por moldagem a sopro por extrusão, bem como por moldagem por injeção e termoformagem. Para alimentos frescos e recipientes de embalagem de ferragem, a terceira geração de PP clarificado fornece benefícios sobre outras

50

estudo de **embalagens para o varejo**

alternativas. Quebras por estresse (fadiga) ocorrem muito menos que com poliestireno, enquanto a moldagem por injeção de parede fina é mais barata que os polímeros transparentes, como PET. A Milliken sugere que os custos totais do recipiente serão menores – um benefício a mais para os usuários.

Aditivos de processamento e frascos PET

A ColorMatrix Europe desenvolveu uma nova família de aditivos que reúnem algumas características para melhorar a qualidade e o desempenho de PET, tanto de pré-forma como de frascos. Coletivamente, estes são solicitados a oferecer às bebidas leves e às indústrias de engarrafamento muitas oportunidades significativas. ColorMatrix é um protetor UV que fornece a extinção da luz UV até o comprimento de onda de 390 nm. A empresa que o produz afirma que "isso é fornecido em uma excelente relação de desempenho e custo", e que "esse nível de seleção UV necessita somente da metade do material em relação aos produtos competitivos". Ela também reinvindica que os níveis (não desejados) do acetaldeído podem ser reduzidos nas piores cavidades de execução em até 75% do total – uma redução média de 60% por meio de todas as cavidades do molde também é possível. O CleaSlip ajuda a melhorar os processos de produção, tais como os utilizados para a pré-forma esticada do gargalo, nos quais os moldadores querem reduzir tempos de ciclo. Parte dessa gama é um agente de deslize para uso, quando a pré-forma resistente a riscos e frascos é necessária. Um outro produto da ColorMatrix é indicado para ajudar a reduzir os custos de energia de moldagem a sopro de pré-forma em aproximadamente 13%.

Copos de plásticos biodegradáveis de laticínios

Em 1997, a gigante de alimentos Danone (Alemanha) mostrou aos visitantes da exibição mundial de alimentos de Anuga os primeiros exemplos de seu iogurte Jahreszeit nos copos termoformados e biodegradáveis (109). Esses copos foram feitos na França a partir de um polímero à base de amido produzido na Holanda pela *joint venture* das empresas Cargill-Dow. Os testes da Danone mostraram os copos completamente decompostos pela luz solar, dentro de um mínimo de 40 dias e um máximo de 60 dias. As vendas comerciais para possíveis consumidores alemães começaram alguns meses mais tarde, em janeiro de 1998. Os custos iniciais eram de 3 a 4 vezes os dos copos existentes de poliestireno, por causa de seu número relativamente pequeno (40 milhões de volumes no primeiro ano), e por conta das quantidades pequenas em que o polímero estava sendo feito. Como os níveis de produção e das vendas cresceram, a Danone afirmou que esperava igualar custos, provavelmente em poucos anos.

6

pacotes
híbridos

Os materiais de embalagem plástica são usados não só para embalagens tipo flexível e rígida, mas também para embalagens híbridas e semirrígidas. Os híbridos incluem "flexível + rígido", assim como combinações com o papel e o metal. Os pacotes semirrígidos podem ser autossustentáveis, mas isso não é sempre um pré-requisito. Na prática existem algumas sobreposições no desenvolvimento dos materiais apropriados para embalagens flexíveis, rígidas e até mesmo semirrígidas.

Existem muitos usos para todo o plástico "flexível + rígido" ou para "plástico flexível + papel ou metal". As combinações entre plástico e metal são lideradas por latas de bebidas compostas por duas ou três peças de filme laminado, as quais estão excluídas desta revisão.

Aplicações recentes de combinações híbridas de plástico e papelão

Nos seguintes exemplos, o híbrido é formado por um processamento *Inmould* ou por uma operação secundária pós-moldagem.

Folha/papel/plástico

A japonesa Meiji Milk Products foi uma das primeiras empresas a fornecer um pacote sério de bebida em prateleira com uma superfície higiênica para beber. O pacote patenteado, usado desde 1996, consiste de um copo de papel estreito em cima, com um topo moldado por injeção de PP sobre sua borda. Não apenas a abertura, mas a área inteira do topo, na qual os lábios do consumidor possam tocar, são cobertas com uma chapa destacável de folha de alumínio. O pacote é usado para leite refrigerado e bebidas à base de leite. Reconhecendo as necessidades do consumidor, o topo do pacote é formado para se adequar aos lábios franzidos de algumas pessoas. Isso torna o ato de beber mais fácil, sem risco de derramamento.

A ideia de uma tira de folha destacável não é nova. O uso como a face superior de uma folha/filme laminada para tampa em recipientes termoformados já é conhecido há uma década. Ao remover a folha, revela-se um furo pré-cortado no filme, por meio do qual o conteúdo pode ser bebido. Entretanto, trata-se de um furo em uma superfície plana de filme. A superfície de beber usada agora pela Meiji oferece uma vantagem positiva em termos de beber sem derramar.

Papel/plástico

Em 1999, a Unilever introduziu um copo de papel inverso-estreitado com topo distribuído de PP e base de papel revestido com PE, selado a calor para seu gelo aromatizado, Solero Shots, cair. O topo da cúpula é soldado na parede lateral do copo. Uma aba articulada, levantada para cima, dá acesso ao produto.

Dois outros pacotes de plástico-papel, referidos rapidamente no prefácio, vêm da Tetra Pak (111). A caixa Tetra Top Mini Grand Tab foi usada pela primeira vez em 1998, no Japão, para acondicionar o iogurte de beber Bulga, da Meiji Seika. Um ano mais tarde, ganhou um famoso prêmio, o "Industry Award", patrocinado pelo governo japonês. A Mini Grand Tab é a última versão da TetraTop – ambas são caixas de embalagem de líquidos com *Inmould* aplicado e topo de injeção moldado de PE. Ao contrário do uso original para o TetraTop, a Mini Grand Tab é utilizada uma única vez, como um pacote "pronto para beber" (RTDF). Daí os tamanhos serem abaixo de 250 ml. Aos consumidores oferece-se uma escolha: um grande puxão para trás e a tampa de "grampo selo" fornece uma grande abertura ou canudo de beber via "empurra-através" em cruz. Ambos estão na superfície superior do pacote japonês mostrado na Figura 6-1. Entretanto, somente a abertura grande é usada nos primeiros pacotes europeus de Mini Grand Tab. Uma ampliação de sua superfície de topo também é mostrada na Figura 6-1. O uso inicial na Europa é para o leite. No Japão, o Mini Grand Tab está sendo usado agora para o suco de fruta produzido pela Meiji Seika, assim como para o iorgute de beber.

Figura **6-1**

Caixa Tetra Top Mini Grand Tab com topo *Inmould* de PE

Fonte: Tetra Pak

Papel + fechamentos plásticos

O SpinCap é um fechamento melhor que um pacote. Em uso, o tampão de rosca de PP é um refechamento confiável para caixas Tetra Brik Aseptic Square. Antes do uso, entretanto, fornece um indicador evidente de violação (violável) de visual proeminente. A tampa redonda tem uma meia esfera lisa, ressaltada, e uma meia face inferior de ângulo reto. Isso serve em uma base combinada de PP. Fechadas, as duas se ajustam uma à outra. Uma vez aberta, a seção rotacionável da tampa nunca retorna à posição em linha, o que lembra um ajuste por fora, mostrando que foi aberto. Duas imagens no pacote explicam o ato aos consumidores. Usado como teste de mercado na França em 1998, o SpinCap da Tetra Pak foi rapidamente adotado (Figuras 6-2 e 6-3).

Figura **6-2**
Caixa Tetra Brik Aseptic Square SpinCap

Fonte: Tetra Pak

Figura **6-3**
Fechamento SpinCap: seu indicador e mecanismo visual de evidência de violação

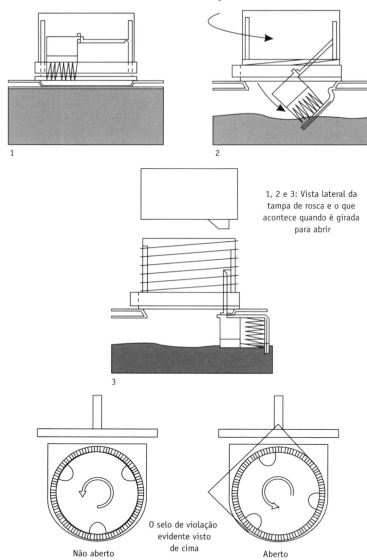

Fonte: Tetra Pak

Combinações funcionais de "todo plástico"
Usos de APET

O poliéster amorfo (APET) está se tornando bem estabelecido para:

- lâmina de "chapa transparente" para caixas tipo "ver através de" (substituição ambientalmente aceitável do PVC e uma alternativa ao acetato de celulose);
- frascos soprados por extrusão, termoformagem e moldagem por injeção.

capítulo **6** – pacotes híbridos

Um novo conceito para APET foi lançado só na Itália por Geogreen (Radici Group). Ele é incomum à medida que mostra uma pequena tendência de cristalizar e reter sua transparência e brilho mesmo após longos períodos acima de sua temperatura de transição vítrea (Tg). Isso o torna especialmente apropriado para a termoformagem (112, 113, 114), uma vez que possui uma elevada resistência do fundido e também pode ser prontamente extrudado, moldado por sopro por extrusão e por injeção. Os usos de embalagem incluem filmes, folhas termoformáveis, recipientes e frascos para cosméticos, detergentes e óleos de cozinha.

Processamento mais rápido e propriedades físicas melhoradas

O fabricante grego Chrostiki afirma que seus *masterbatches* de carbonato de cálcio Filofen são macios e brancos – duas características que os colocam à parte da competição entre produtos comercialmente disponíveis. Na extrusão e termoformagem dos PP, o comportamento do derretimento do polímero e a rigidez dos artigos acabados são melhorados. Os tempos de ciclo são reduzidos em até 40% para moldagem de injeção e sopro de poliolefina. A distorção é eliminada e a rigidez aumenta sem perdas de resistência ao impacto. Para filme de polietileno, o *masterbatch* age como um agente antibloqueio, pois aumenta a rigidez, o rendimento, melhora as características de selagem e adiciona uma sensação aveludada à superfície do filme.

O novo Kraton D-140P da Shell[1] é um copolímero estireno-etileno/butileno-estireno (SEBS). Embora desenvolvido especialmente para embalagens rígidas, também pode ser usado como um agente composto em folha extrudada na moldagem a sopro por extrusão e em produtos de filme soprado. Transparente e resistente, pode ser usado como um polímero independente, que fornece um balanço de claridade elevada, rigidez, resistência a quebras, resistência mecânica, resistência ao impacto e fácil processabilidade. As aplicações em embalagem de parede fina incluem copos transparentes, bandejas, tampas tipo "ver através" e fechamentos, assim como envoltórios de filmes transparentes.

---

[1]   A Kraton tornou-se uma empresa independente da Shell no final da década de 1990.

7

avanços recentes
e futuros

Inovações recentes

Em 1998, a Chevron Chemical Company patenteou um conceito intrigante. A empresa informou que as fitas de material contendo tanto absorvedores de oxigênio como resinas de selagem a calor fornecem meios flexíveis de absorver oxigênio em pacotes selados. Ao mesmo tempo, impedem a transferência de oxigênio ou de produtos oxidativos do material da embalagem para o produto. Em uso, uma ou mais fitas são seladas a calor pelo lado interno da superfície do pacote pelo seu fabricante.

A organização CSIRO de pesquisa financiada pelo governo da Austrália desenvolveu Zero$_2$, um composto absorvente de oxigênio que pode ser incorporado à espinha dorsal do polímero, opção melhor do que ser laminado em um filme (115). O parceiro de desenvolvimento da CSIRO, a Southcorp Packaging, afirma que o absorvente é um composto orgânico copolimerizado com o polímero da embalagem. Uma característica particularmente recente é que o Zero$_2$ não trabalha até ser ativado. Filmes que contêm o absorvente podem ser assim produzidos, mas não absorverão o oxigênio até que seja requerido. A ativação ocorre quando o filme é exposto à luz de comprimento de ondas selecionadas.

Nenhum revestimento de selo a calor é necessário para bolsas farmacêuticas, destacáveis, seladas

A norte-americana Rexam Medical Packaging desenvolveu um produto incomum chamado Core-Peel (116). Ela separou camadas de selo e casca dentro de uma estrutura de três camadas que não requer um revestimento de selo a calor. A Rexam afirma que a camada de selo se encaixa em um substrato poroso de embalagem médica que se quebra uniforme e claramente.

Bolsa flexível para cerveja e refrigerantes

A Innovative Packaging Netherlands (IPN) afirma que sua bolsa de suporte Clean Clic, de 300 ml, é apropriada para acondicionar tanto bebidas carbonatadas quanto não carbo-

estudo de **embalagens para o varejo**

natadas (117). Embora bolsas flexíveis à base de poliéster fossem apropriadas para cerveja, há aproximadamente 30 anos poucos têm seguido o Clean Clic. A IPN afirma que a bolsa pode ter uma tampa, *Sports Cap* tipo "empurra puxa", se preciso. O sistema de enchimento patenteado mundialmente conhecido da IPN produz pacotes cheios sem *headspace* de ar (bolha de ar). Embora nenhum produto carbonatado tenha sido embalado dessa maneira, a IPN está confiante de que seu pacote será usado comercialmente para esse mercado.

Fornecendo a bolsa de modo tecnicamente satisfatório, o Clean Clic é um prospecto emocionante para embalagem de cerveja. Ele poderia ser conveniente para os consumidores carregarem e potencialmente aceitáveis do ponto de vista ambiental.

Recipiente com dose controlada

Outro avanço pioneiro no setor é o novo fechamento de dosagem de líquido. Seu núcleo moldado por injeção tem cinco câmaras de dosagem que aumentam de tamanho progressivamente. O menor contém a dose mínima; o maior, a máxima. Eficazmente, as câmaras formam um anel helicoidal tridimensional. Uma sexta câmara, de volume zero, é a posição fechada do distribuidor. Em torno da base de uma peça ou unidade está um anel moldado. Cinco rebaixos pequenos na parte mais alta desse anel são alinhados com as cinco câmaras líquidas. A unidade do núcleo ajusta-se dentro de uma tampa. Cinco reforços moldados no interior da tampa alinham-se aos rebaixos no anel e acoplam-se mecanicamente entre si. Essa montagem combinada se encaixa na boca do recipiente. Já existe o formato de um copo inserido. Um pequeno furo descentralizado na base desse copo conduz a um tubo curto moldado faceando para baixo, isto é, o copo e o tubo curto são uma moldagem única. Conectado a esse tubo moldado está um tubo convencional, profundo, de PE extrudado. O ponto-chave é que aqui o tubo e o furo são descentralizados, o que os coloca em linha com o lado inferior de qualquer câmara de dosagem líquida que está acima. Quando o consumidor gira a unidade distribuidora para o volume líquido desejado e aperta o frasco, o líquido é forçado para a câmara apropriada. O frasco é então espremido até que o líquido esteja visível – até a marca "máxima" na tampa. O excesso, não desejado, escorre para fora da câmara, mas ainda dentro do copo. Este, então, drena o líquido de volta através do furo. Entretanto, a quantidade requerida permanece na câmara escolhida para uso pelo consumidor. O novato – fornecedor da etiqueta decorativa de luva *shrink* – foi elogiado mundialmente pelo júri da competição de embalagem em 1999. Nenhuma menção foi feita ao inventor do pacote alemão nem ao fabricante distribuidor da unidade.

Novos desenvolvimentos de polímeros biodegradáveis

No início de 1999, duas inovações convenientemente próximas, de uma quarta classe, foram anunciadas na Irlanda pela britânica Environmental Polymers e pela PVAX Polymers (118). Essas duas inovações são famílias de materiais biodegradáveis e compostáveis baseados em poli(álcool vinílico) processável fundido (PVOH). Esse polímero tem muitas propriedades desejáveis: é biodegradável, fornece uma barreira excelente à umidade e uma boa barreira a gás, além de possuir elevada resistência mecânica, selar prontamente por calor e ser fácil de imprimir. Entretanto, é solúvel em água e sua processabilidade é restringida por um módulo de flexão elevado e pela estabilidade térmica e de cisalhamento limitada.

capítulo **7** – avanços recentes e futuros

Adicionar plastificantes resolve a instabilidade, mas afeta as propriedades físicas. As novas tecnologias usam formulações recentes de tipos de alimentos extrudados em grãos, que mais tarde podem ser convertidos em filme de embalagem, chapas, frascos moldados por injeção ou a sopro por coextrusão. Os frascos moldados a sopro por estiramento são apropriados para bebidas carbonatadas. A dupla extrusão produz filmes que combinam camadas de PVOH com filmes com solubilidades diferentes de água, por exemplo, na água quente ou fria.

Novos polímeros de olefina

A tecnologia atual de polímero é excitante. Provavelmente, a maior aplicação de patente do mundo foi depositada pela DuPont em 1998. Isso mostra como o etileno e α-olefinas podem ser convertidos em polímeros elevados com estruturas originais. Esses polímeros incluem tipos "melhorados" de poliolefinas existentes, mas de menor custo, assim como polímeros completamente novos. Ao todo, a aplicação de patente tem 500 páginas com 500 reivindicações de patente e 500 exemplos. A produção comercial começou em 2004/2005.

Polímeros de desempenho elevado

No passado, diversos materiais, então considerados polímeros de "engenharia" ou "de desempenho elevado", encontraram uso constante em embalagens de produtos diários. Os exemplos incluem elastômeros, polibutilenos, poliésteres termoplásticos, poliamidas (inclusive poliamidas de barreira elevada de oxigênio, tais como MXD-6) e policarbonatos. Mais recentemente, e ainda em uma escala limitada, inclui-se o polietileno naftalato (PEN). Assim, alguns outros polímeros atuais de desempenho elevado também estariam entre os futuros materiais de embalagem. Policetonas alifáticas, politereftalato de trimetileno (PTT), polietercetona (PEK) e polieteretercetona alifática (PEEK) podem todos ser considerados. Embora pouco utilizadas no momento, as policetonas alifáticas oferecem possibilidades de engenharia e de embalagem (119). As propriedades mecânicas excelentes fazem delas um bom prospecto de engenharia, enquanto suas propriedades de barreira a gás forem similares às de copolímeros etileno álcool vinílico. Isso as torna apropriadas para aplicações de embalagem de barreira multicamada coextrudado[1]. A BP-Amoco produziu quantidades experimentais de filme e recipientes feitos de lâmina termoformada. Sua prioridade é em aplicações de embalagem flexíveis.

A resistência à alta temperatura dos polímeros de cristal líquido (LCP), do poli(oxi-fenileno) (PPO) e das polissulfonas já foi provada para as bandejas duplas de forno (120). Os filmes de poliamida são usados para as etiquetas de código de barra em razão da sua excelente refletividade e contraste de superfície, além de resistência química e de temperatura para suportar ambientes mais adversos. O custo dessas resinas para o uso de embalagem pode ser relativamente elevado. Algum uso inicial pode, então, vir como um componente menor (mas eficaz) de um copolímero, blenda de polímero ou liga do polímero. Os usos eventuais para esses polímeros de desempenho elevado trariam alguns benefícios incomuns. Por exemplo,

---

[1] PRINGLE, D. "Polyketones could be cheap PEN alternatives". *Packaging Week* (fevereiro 1995).

estudo de **embalagens para o varejo**

enquanto o PEN é visto como um polímero de desempenho elevado usado por sua barreira e propriedades térmicas, pouco é dito sobre sua habilidade de bloquear a luz UV. Isso é útil para a classificação mecânica dos frascos entre resíduos de embalagem (102, 121).

Novas famílias de polímero fornecem, também, oportunidades de embalagem, especialmente no que diz respeito a como desenvolver conhecimento e divulgar tecnologia. Muitas das oportunidades recentemente anunciadas são combinações de polímeros conhecidos. Questra, à base de metaloceno, da Dow Chemical (vendido no Japão como Xarec pela Idemitsu), é um polímero sindiotático que oferece baixa densidade e um ponto de fusão elevado (270 °C). Combinada com a baixa absorção de umidade e gordura, sua transparência elevada lhe dá um futuro promissor (122). As aplicações iniciais competirão provavelmente com os polímeros de engenharia, tais como LCP, PPO ou poliésteres, mas algumas aplicações especiais de embalagem podem rapidamente justificar seu uso. Topas, da Ticona, é uma gama de copolímeros ciclo-olefino (COCs) amorfos com oportunidades promovidas para a embalagem de alimentos e fármacos – e também para filmes de *shrink* (45, 123). Esses copolímeros oferecem uma barreira elevada ao vapor de água, bem como uma boa resistência química e propriedades óticas excelentes, sugerindo o uso em filmes de embalagem, particularmente para produtos críticos, como os farmacêuticos. Topas já é usado em frascos para acondicionar líquidos farmacêuticos e como folha em pacotes *blister*. Há um encolhimento muito pequeno, à medida que cada *blister* é uniformemente formado. As temperaturas de transição vítrea (Tg) podem ser entre 80 °C e 180 °C; uma Tg baixa conserva energia e reduz tempos de ciclo, por permitir temperaturas baixas de formação profunda, desejadas para pacotes farmacêuticos de *blister*. As fontes iniciais vieram por meio da Ticona, matriz da Mitsui Sekka, parceira de desenvolvimento da Hacksawed no Japão. Os resultados incentivaram a Ticona a construir uma fábrica de produção em escala mundial na Alemanha.

Três desenvolvimentos separados com moldagem a sopro por estiramento de injeção são reivindicados, respectivamente, para melhorar as velocidades de produção e barreira ao oxigênio:

- os frascos feitos das blendas de PET/LCP (4, 10, 120, 121) podem ser produzidos em velocidades de monocamada PET, mas com as propriedades de barreira ao oxigênio aumentadas até dez vezes;

- a embalagem dos recipientes está pulverizando frascos PET de cerveja de 400 ml com Baircode 32020 – um revestimento amina epóxi – para aumentar a barreira ao oxigênio do frasco (16, 103);

- a moldagem a sopro criogênico por estiramento usando grades de polímero padrão resulta em tolerância de temperaturas até 120 °C (101). Ao contrário do processamento de ajuste a calor convencional, os tempos de ciclo não necessitam ser reduzidos.

8

mercados e consumo
de embalagens

Conhecimento de mercado

Os polímeros são os materiais mais usados, juntamente com a folha de papel e de alumínio, já há algum tempo. A folha de alumínio, entretanto, trafega em seus próprios mercados (por exemplo, caixas, etiquetas e recipientes de folha). Dentro das sete principais economias ocidentais da Europa, o mercado de embalagem flexível teve uma média de crescimento anual de aproximadamente 3% entre 1992 e 1997. Esperava-se que esses mercados amadurecessem por volta de 2002, conduzindo a um crescimento anual ligeiramente mais baixo, de 2% (1, 23, 124, 125). As figuras na Tabela 8-1 mostram que o uso da folha de alumínio está declinando gradualmente. Apesar da demanda para medidas mais finas e pesos mais leves, os mercados para filmes plásticos continuam a crescer. Inovações de peso mais leve são dirigidas pela combinação de pressões (ambientais e financeiras) e avanços técnicos (de PP e do PET expandido). Muitos países têm cargas de reciclagem baseadas no peso ou no volume, sobretudo no peso (102). Consequentemente, os materiais necessitam ser tão leves quanto possível. A eliminação de filme fino é relativamente fácil, do mesmo modo os materiais híbridos, que são facilmente separados depois do uso – sendo a tendência atual fazê-los assim. Uma tendência ambiental a mais é o uso de embalagem rígida de filme etiquetado, no qual tanto o filme quanto o pacote são feitos do mesmo polímero. Ambos podem ser reciclados juntos, opção melhor do que ter de separá-los primeiro.

A quantidade total de embalagem flexível na Europa ocidental é de quase 13 bilhões de metros quadrados. Essa estatística não inclui filme de OPP não impresso de sobre-embalagem para tabaco, balas, bebidas secas, bolos, biscoitos, artigos de papelaria, CD-ROMs e fitas de vídeo (126, 127, 128), uma vez que esses produtos compreendem um adicional de 900 milhões de m^2 de embalagem flexível, além de dois terços do que é atualmente utilizado para produtos do tabaco. O uso do tabaco cairá se os atuais *lobbies* antifumo forem bem-sucedidos.

Um estudo independente, realizado pelo Instituto Italiano de Embalagem, também descobriu que o uso de folhas de alumínio finas está caindo em seu mercado principal: o das lâminas flexíveis.

Tabela 8-1

Europa Ocidental – tendência em materiais de embalagem flexível (% unidade de área de cada tipo de material)

	1992	1997	2000
Folha de alumínio/papel*	8,0	7,1	5,9
Materiais à base de papel	10,5	10,4	10,3
Folha de alumínio/filme plástico*	9,2	8,7	8,5
Filme plástico	72,3	73,8	75,3
Total	**100,0**	**100,0**	**100,0**

* Combinação de multicamadas

Fonte: Marketpower Ltd

Modelos de crescimento

O polietileno é altamente versátil em seu uso como filme, frasco, recipiente, revestimento ou laminado. Domina o mercado de embalagem flexível e é bastante usado na confecção de frascos, recipientes, tampas e fechamentos rígidos de plásticos. A demanda europeia está crescendo cerca de 5% ao ano. O consumo de embalagem é quase quatro vezes o de polipropileno, o próximo polímero mais extensamente usado (25). Mesmo permitindo a vantagem da densidade do polipropileno – sua densidade é a mais baixa de todos os polímeros termoplásticos comercialmente utilizados –, a fatia de mercado do polietileno está assegurada. O polietileno tereftalato (PET) tem taxas de crescimento anuais muito mais elevadas, mas sua base de 1995 (perto de 200 mil toneladas) é cinco vezes menor que a do polietileno. Nos anos 1990, o consumo de embalagens PET cresceu a níveis próximos dos níveis do polipropileno. Inicialmente, tal consumo foi dirigido pela demanda para bandejas CPET e frascos PET de bebida. Os levantamentos atuais apontam até mesmo mais demanda para os frascos PET (129, 130, 131, 132), mas esse crescimento voltado para o consumo de bandejas de placa PET revestida de forno diminuiu o uso de bandejas de CPET.

Tabela 8-2

Consumo europeu de polímeros plásticos como materiais de embalagem

	1995	1999	Estimado
	('000 toneladas)	('000 toneladas)	crescimento/ano (%)
PE	1.020	1.350	5,2
PP	220	310	5,8
PS	150	180	4,0
PVC	140	158	2,5
PET	160	360	14,0

Fonte: Industry sources

capítulo **8** – mercados e consumo de embalagens

Hoje, aproximadamente sete milhões de toneladas de resina PET são usadas em todo o mundo na indústria de embalagem[1]. A Maack Business Services afirmou que em 2005 esse número chegaria a 15 milhões de toneladas – o que significa que as taxas de crescimento ano a ano serão entre 16% e 18%. Já em 2000, o PET teria "40% do mercado de água mineral".

Perspectiva do mercado

A perspectiva total é boa para os maiores mercados de embalagem plástica: alimentos e bebidas. Em termos de valor e volume, a Frost & Sullivan afirma que sua parte no setor de alimento e bebida europeu cresceria em 2001:

- em valor, de 56,3% para 59,3%;
- em volume, de 41,0% para 43,6%.

A previsão da Frost & Sullivan cita figuras reais (1994) e previstas (2001) para o valor e o volume, respectivamente:

- valor de 1994: US$ 18 bilhões; valor de 2001: US$ 23 bilhões;
- volume de 1994: 5,5 milhões de toneladas; volume de 2001: 6,5 milhões de toneladas.

Em 1997, os rendimentos de plásticos europeus alcançaram USS 10,9 bilhões. Assim, a Frost & Sullivan esperava aumentar seus rendimentos para US$ 14,7 bilhões até o fim de 2004. Ela prediz que os plásticos continuarão a aumentar sua participação no mercado por causa de sua flexibilidade e leveza.

Mercado futuro para plásticos biodegradáveis

Em abril de 1999, a principal conferência sobre plásticos biodegradáveis atraiu a atenção de todo o mundo[2]. Os benefícios verdes foram examinados ao lado dos níveis atuais e preditos de mercado e preços. Estes, em 1999, giravam em torno de DM7/kg. Estudos de mercado de prognósticos futuros variam. Vejamos alguns:

- *Frost & Sullivan*: "Se os preços não mudarem, os volumes de 2004 serão de aproximadamente 25 mil toneladas".
- *Martec*: "Volumes de 2006 serão ao redor de 125 mil toneladas, assumindo que os preços caiam, mas com níveis mais elevados de produção".
- *Biotect (produtor alemão de biodegradáveis)*: "200 mil toneladas para 2004 com preços em DM3-4/kg".

---

[1] "The stuff of which hal bottles are made (PET – a packaging plastic on the up and up)", informação de imprensa de 1998, Norwea Trade Fairs (Düsseldorf).

[2] Biodegradable plastics. *European Plastics News, International Symposium*, Frankfurt (abril 1999).

Tendências de mercado (133), especialmente o desejo do consumidor por produtos biodegradáveis, precisam ser monitoradas de perto (41). Assim, a julgar pelos delegados da referida conferência, o interesse global é proveniente de pesquisas, produtores petroquímicos e fabricantes de embalagem. Os usuários finais incluem empresas como a Melitta – uma das primeiras organizações a introduzir produtos de embalagem "verdes" em sua gama de produtos. Em 1999, a Melitta adquiriu a Biotect (134).

resumos

1

Título: Packaging is more than just a raw material for revalorization.

Autor: Anon.

Fonte: Dtsch. Milchwirtsch, v. 50, n. 8, 21 abr. 1999, p. 314-315.

Resumo: As embalagens plásticas reconquistaram sua boa imagem perante os consumidores, de acordo com um recente seminário do IMQ realizado na Alemanha. A proteção do produto é considerada a principal função da embalagem, embora os aspectos ambientais não estejam tão longe dessa preocupação. As caixas dominam o setor de embalagem de leite, com uma parte do mercado de 72% e 88% na Europa e na Alemanha, respectivamente. Os frascos PE e PET são aceitos no mercado europeu. A falha do frasco de leite de policarbonato ocorre em razão do mercado fraco. A necessidade de desenvolver recipientes tipo "abre fácil" para pessoas mais velhas foi enfatizada. As inovações em termos de material para embalagem serão dirigidas cada vez mais por pressões de custo, apenas considerando, também, o tempo de entrega e uma mais estreita cooperação do fornecedor de processos de envasamento. Espera-se que o balanço de PS para poliolefinas continue. As embalagens assépticas provavelmente serão restritas a itens para os quais não há alternativas.

2

Título: Tetra Pak milks market.

Autor: Anon.

Fonte: Packag. Mag, v. 2, n. 6, 25 mar. 1999, p. 8.

Resumo: A simplicidade de produção do frasco de leite de PEAD, de terceiro furo na parede da embalagem, a ser inaugurada pela Tetra Pak no Reino Unido está no MD Foods, em Hatfield Peveral, Essex. Uma máquina especial de movimento giratório da Graham produz frascos de 2 litros para o leite fresco PurFiltre, da Cravendale. O processo de PurFiltre elimina mais bactérias que a pasteurização, dessa forma, o produto tem uma vida de prateleira mais longa. A Tetra Pak forneceu também o sistema de envasamento, o qual se caracteriza pela esterilização UV do gargalo e pelo fluxo laminar estéril do ar. Esse sistema é utilizado sob acordo com a empresa francesa SERAC. (Artigo curto.)

3

Título: Design innovations increase demand for stand-up pouches.

Autor: Colvin, R.

Fonte: Mod. Plast. Int., v. 29, n. 3, mar. 1999, p. 32-33.

Resumo: O crescimento norte-americano para *stand-up pouches* tem previsão para quase dobrar, passando de 2 bilhões de unidades, em 1998, para 3,9 bilhões em 2003, da mesma forma que o mercado evolui da embalagem tipo bolsa oscilante de descanso com um vertimento difícil para uma embalagem tipo bolsas com bicos, tampas e até mesmo zíperes, recursos que promovem um vertimento mais fácil para o consumidor do conteúdo da embalagem. O crescimento é estimado em 5% na Europa e é ainda mais elevado no Japão. As forças dirigidas para esse crescimento incluem a aparência do produto e o melhor uso do espaço de prateleira. Novas bolsas e equipamentos inovadores de uma gama de fabricantes são discutidos neste texto.

4

Título: Crystal clear.

Autor: Forcinio, H.

Fonte: Canner & Filler, mar. 1999, p. 18-19.

Resumo: Uma revisão dos destaques da conferência de 1999 da Nova-Pack Americas é apresentada. Os participantes podiam provar cervejas da geladeira da Miller Light e da Plank Road Brewery Icehouse em frascos de plástico amarelo-âmbar, multiúso, e com 16 oz. A pesquisa de mercado rendeu comentários favoráveis ao gosto da cerveja acondicionada nesse tipo de frasco. Um frasco Michelob ganhou nota 8 em uma escala de 1 a 10. Outra pesquisa indica que 52% das pessoas questionadas, mas que não haviam visto o produto, eram altamente improváveis de comprá-lo. Dois novos grades de EVOH resistente à delaminação têm sido desenvolvidos pela norte-americana EVAL, matriz da Kuraray. O XEP-438 e o XEP-439, segundo se alega, também produzem rendimentos melhores. Um grade com os absorvedores de oxigênio integral está sendo desenvolvido. O polímero Superex promoveu o uso da liga de polímero de cristal líquido/PET em uma camada de barreira de um recipiente PET multiúso.

5

Título: The plastics challenge.

Autor: McLure, J.

Fonte: Canning and Filling, maio 1999, p. 21-22.

Resumo: As inovações da cervejaria Bass Brewers, no que diz respeito à confecção de novos frascos plásticos para acondicionar a bebida, seguindo sua introdução de Carling Black Label em frascos multiúso de PET, são discutidas aqui. Essas inovações incluem uso prolongado do frasco PET/EVOH/PET, com melhorias na distribuição de EVOH dentro da parede do frasco e no uso de um forro absorvedor de oxigênio nos fechamentos da parte superior. Fornecedores de frascos, tais como ANC, na Austrália, são apresentados como responsáveis pela tendência de aumento em frascos plásticos de cerveja, embora ainda exista pouca demanda dos fabricantes da bebida. Para melhorar o apelo ao consumidor, a Bass está investigando os novos projetos de frascos plásticos, que diferem dos de vidro.

6

Título: New EVAL barrier resin.

Autor: Anon.

Fonte: Packag. Innovation, v. 3, n. 4, jan. 1999, p. 5.

Resumo: O XEP-398 é uma nova resina EVAL para aplicações de coextrusão. As propriedades desse grade experimental estão delineadas e incluem um índice de fluidez elevado de 8 g/10 min a 190 °C. A EVAL informa que os testes indicam que o novo filme tem processamento melhorado e desempenho de barreira ao oxigênio quando comparado aos grades comerciais, e estabilidade térmica entre os FW104 e E105. As qualidades de barreira ao sabor e aroma ainda estão sendo testadas.

7

Título: Closer to the holy grail.

Autor: Anon.

Fonte: Br. Plast. Rubber, jan. 1999, p. 34.

Resumo: A resistência do mercado alemão aos frascos PET para a água mineral é vista como decrescente. O vidro é usado em 97% dos frascos de água mineral. O maior fornecedor de água engarrafada do país, a Gerolsteiner Brunnen, está lançando um frasco PET somente por algum tempo, como teste, mas é geralmente nos frascos de 3 litros que as relações de superfície--volume oferecem resistência adequada à permeação do oxigênio. A cerveja engarrafada de 20 oz (500 ml) criaria vendas globais enormes. Porém, as propriedades de barreira à embalagem PET têm sido conseguidas só mais recentemente, em relação à comercialização de cerveja em frascos PET. As camadas de barreira de PEN ofereceram a solução, mas o preço elevado do material impediu sua aplicação. (Artigo curto.)

8

Título: Mighty PEN.

Autor: Pidgeon, R.

Fonte: Packag. Mag, v. 1, n. 25, 17 dez. 1998, p. 4.

Resumo: Os testes de laboratório realizados pela Shell Chemicals mostraram a resina PEN HiPERTUF 89010 como apropriada aos frascos de cerveja. O primeiro frasco baixo de naftalato para suportar o processo de pasteurização no túnel da cerveja comercial é aprovado para ser um frasco com base no champanhe 50 cl, projetado pela Plastics Technologies Inc. O PEN foi considerado demasiadamente caro para produtos de mercado de massa, mas a Shell Chemicals declara que a resistência térmica e as barreiras aumentadas do dióxido de oxigênio e de carbono tornam HiPERTUF 89010 econômico quando usado nas aplicações de cervejas revestidas e monocamadas de multiúso, nas quais a pasteurização é necessária.

9

Título: Beer breakthroughs.

Autor: Warmington, A.

Fonte: Eur. Plast. News, v. 26, n. 1, jan. 1999, p. 19, 21.

Resumo: Recentes inovações, que poderiam levar a um enorme crescimento, com um vertimento no uso de embalagens PET e de outras blendas de poliéster e copolímero para frascos de cerveja, foram anunciadas pela Shell Chemicals. O copolímero inovador da Shell pode ser usado onde a cerveja deve ser pasteurizada. A nova resina, HIPERTUF 89010, é incorporada a um frasco de 500 ml pela Plastics Technologies e contém uma quantidade pequena de PEN. Existe um anel extra de benzeno para melhorar as propriedades de barreira e fornecer a resistência de pressão e térmica para a pasteurização em temperaturas de aproximadamente 63 °C. Em cooperação com a Napthalate Polymer Council e a Amoco Chemical, a principal fornecedora dos Estados Unidos de alimentos de estoque para PEN, a pesquisa da Shell tem demonstrado que PEN no fluxo de descarte do PET não afeta o valor de reciclagem da fibra ou dos frascos.

10

Título: The consumer's choice.

Autor: Forcinio, H.

Fonte: Canner & Filler, jan. 1999, p. 22-23.

Resumo: O desenvolvimento de embalagem PET e PEN dirigido pela demanda do consumidor por características de conveniência é considerado neste texto. Enquanto a nova embalagem promoverá 10% do crescimento anual aproximado em frascos PET de alimento nos Estados Unidos para 2002, acompanhando um crescimento mundial similarmente forte, a substituição de outros materiais dará forma a uma proporção substancial. A transparência, a rigidez, a refechabilidade, a compressibilidade, a leveza, a resistência à ruptura e a reciclabilidade são razões para os consumidores gostarem de embalagens PET. Melhoradas as propriedades de barreira e a resistência ao calor, promete-se um potencial maior para o PET. Mais benefícios estão para ser obtidos a partir da combinação de frascos PET e PEN, bem como de polímeros de cristal líquido e dos aditivos que estendem a vida de prateleira, como os absorvedores de oxigênio. As combinações de PET/LCP podem ser moldadas a sopro por estiramento nas velocidades do PET monocamada, oferecendo ainda um aumento de até dez vezes das propriedades de barreira ao oxigênio. As características de projeto, como os painéis de vácuo para aumentar a tolerância ao calor e a orientação biaxial, beneficiarão as propriedades de barreira. A moldagem a sopro criogênico usando a resina padrão resulta em tolerância a temperaturas de até 120 °C, mas sem reduzir os tempos de ciclo, ao contrário do ajuste de calor.

11

Título: Active and smart packaging for food products.

Autor: Ahvenainen, R.; Hurme, E.; Smolander, M.

Fonte: Verpack.-Rundsch., v. 50, n. 1, 1999, p. 36-40.

Resumo: Sistemas engenhosos ou inteligentes de embalagem contendo um dispositivo que indica a história e as qualidades dos conteúdos são revistos. Sachês e etiquetas absorvendo oxigênio à base de ferro são bastante usados no Japão como uma alternativa para proteger a embalagem do gás. Variações desses produtos incluem absorvedores de função dupla, que removem o gotejamento da água. Embalagem a gás, embalagem a vácuo e absorvedores de oxigênio são comparados. Embalagem inteligente agora inclui também temperatura, tempo e outros indicadores, fornecendo informação do frescor dos conteúdos da embalagem para o consumidor.

12

Título: Active packaging – Packaging that keeps on working.

Autor: Anon.

Fonte: Packag. Strategies, v. 17, n. 3, 15 fev. 1999, p. 5.

Resumo: Os recipientes e os materiais ativos continuam a absorver ou inibir o oxigênio e outros deterioradores do produto depois do enchimento e fechamento da embalagem, bem como a eliminar a necessidade de processamento extra. O Ultraflow AA, da Eastman Chemical, é incorporado à resina PET para frascos para extrair o AA residual do conteúdo. Os absorvedores de oxigênio estão sendo cada vez mais usados. O Amosorb 3000, da Amoco Chemical, pode ser incorporado às paredes laterais de recipientes multijogadores. Um nível de peso de 7% de Amosorb se compara favoravelmente a um nível de 10% de EVOH, mas é caro. A EVAL Company of America está trabalhando na incorporação de um absorvedor de oxigênio a uma camada de EVOH. Para isso está seguindo o princípio da Continental PET Technologies, que trabalha com nylon MXD6. (Artigo curto.)

13

Título: Active packs.

Autor: Forcinio, H.

Fonte: Canning and Filling, maio 1999, p. 34-36.

Resumo: Os avanços recentes em embalagens ativas, que são apontados em condições de modificação dentro do pacote do produto, são revistos neste artigo. Tais avanços incluem absorvedores de oxigênio em paredes do recipiente ou em forros da tampa, tais como Amosorb, dissecantes, válvulas de sentido único e embalagem antimicrobial inorgânica (o Ionpure, por exemplo). As inovações em embalagem de barreira para uso com sistemas ativos incluem o uso do PET capaz de suportar enchimento a quente ou retortagem, bem como novos grades de EVOH, nanocompósitos de argila/polímero e BA-030, um copoliéster similar ao PEN. Fornecedores desses produtos são listados para a América do Norte.

14

Título: Miller beer bottle whips up environmental firestorm.

Autor: Anon.

Fonte: Packag. Strategies, v. 17, n. 3, 15 fev. 1999, p. 3.

Resumo: Diversas características de recipientes reciclados da empresa fabricante de cerveja Miller estão sendo criticadas por grupos ambientais norte-americanos. Os frascos PET incluem coloração amarelo-âmbar, selo de alumínio em fechamentos, etiquetas metalizadas de papel e material absorvedor de oxigênio incorporado às paredes do recipiente. Os frascos são produzidos pela Continental PET Technologies (CPET), pertencente agora à Owens, de Illinois, que se ofereceu para comprar de volta o material dos recicladores, a fim de usá-lo como uma camada central em recipientes PET de cerveja. Apesar de grupos como Grass Roots Recycling Network afirmarem que o recipiente afeta de maneira adversa a reciclagem de plásticos. Envipco, um reciclador em Riverside, na Califórnia, afirma que não atribui problema ao recipiente em si, e que a cervejaria Miller está considerando alternativas para o fechamento de alumínio.

15

Título: Oxygen scavengers and desiccants – Dessicare.

Autor: Anon.

Fonte: Packag. Technol. Eng., v. 8, n. 3, mar. 1999, p. 37.

Resumo: Novos produtos da Dessicare Inc. são os absorvedores de oxigênio O-Buster e o dissecante Cargo DryPak. Quando selado em um pacote, o O-Buster remove todo o oxigênio para manter o produto fresco, impedir o crescimento do mofo e a mudança da cor. É um produto seguro, higiênico, não tóxico e livre de odor. Já o Cargo DryPak, utilizado em recipientes de transporte, previne da chuva e da corrosão interna em deslocamentos de 50 dias. (Artigo curto.)

16

Título: A question of cost.

Autor: Schrafft, H.

Fonte: Canning and Filling, maio 1999, p. 18-19.

Resumo: Neste artigo, as razões para o custo elevado de frascos plásticos de cerveja são discutidas e os desenvolvimentos recentes apontados na reciclabilidade e vida de prateleira melhorada são descritos. As razões para a despesa incluem os projetos do frasco que incorporam características especiais, tais como absorvedores de oxigênio, mercado de volume pequeno e a necessidade de transportar congelados. A competição crescente é relatada entre fornecedores norte-americanos de frascos, dentro do desenvolvimento de novas tecnologias para a fabricação de frascos. As melhorias na reciclabilidade e na vida de prateleira incluem revestimentos exteriores de epóxi-amina, bem como faixas de identificação de violação de alumínio que não deixam nenhum anel no frasco, além de uma redução no uso de frascos multicamadas e desenvolvimentos de materiais absorvedores de oxigênio. Um relatório recente afirma que os frascos PET terão um impacto pequeno nos volumes de vendas a curto prazo e que, a longo prazo, ganharão uma parte do mercado de latas, à custa dos recipientes de vidro.

17

Título: Years research culminates in the launch of polymeric oxygen scavenging system.

Autor: Anon.

Fonte: Food Cosmet. Drug Packag., v. 22, n. 5, maio 1999, p. 89.

Resumo: Um sistema polimérico do absorvedor de oxigênio foi projetado pela Cryovac para absorver o oxigênio residual do *headspace* da embalagem para menos de 0,1%, em um esforço para reduzir seus efeitos danosos em produtos. A característica central dos filmes de embalagem é sua habilidade de provocar ou "girar sobre" suas propriedades absorvedoras de oxigênio enquanto permanecem dormentes no armazenamento. Neste artigo, afirma-se que tais filmes são mais baratos que os sachês. Como o dióxido de carbono e a água não são envolvidos na ação do absorvedor, o material pode ser usado com produtos de atividade em água alta e baixa, assim como com uma mistura de gases em atmosferas modificadas. O mecanismo de iniciação do absorvedor não afeta as características do mecanismo. (Artigo curto.)

18

Título: New approach to wet end management.

Autor: Pekkarinen, T.; Kaunonen, A.; Paavola, J.

Fonte: PapPuu, v. 81, n. 1, 8 fev. 1999, p. 40-44.

Resumo: A Valmet desenvolveu uma nova abordagem ao sistema de água e estoque: o Opti-Feed. Trata-se de um conceito de "molhado final" que atende às exigências do processo de fazer papel, com particular atenção para as máquinas rápidas do futuro. Controles integrados são usados para estabilizar rapidamente as variações do processo. Conceito integrado, solução simplificada, reduções de custo e aspectos ambientais foram todos objetivos-chave do trabalho de desenvolvimento. Este artigo discute as características salientes dos sub-processos, bem como os principais benefícios. O conceito caracteriza medidas avançadas e controles, levando à estabilidade. Embora sejam desenvolvidos para máquinas rápidas, os subprocessos também podem ser utilizados nas reconstruções.

19

Título: Packaging's kind of town.

Autor: Covell, P.

Fonte: Packag. Rev. (S. Afr.), v. 25, n. 1, jan. 1999, p. 22-23.

Resumo: A exibição da PMMI Pack Expo de 1998 em Chicago, nos Estados Unidos, refletiu uma tendência em direção ao maquinário flexível facilmente mudado que pode ser controlado de maneira confiável. A bolsa protótipo de fusão horizontal da Klockner *form-fill-sealed* reduz a mudança de tamanho da bolsa por hora, podendo ser inteiramente lavada embaixo. Os sistemas flexíveis de pouco peso com abertura e fechamento fácil incluem dispositivo deslizador e cremalheira Hefty, da Tenneco, cujo ritual de deslize é patenteado. A Dow Chemical Company mostrou uma embalagem isolante na forma de espuma de PS de célula aberta Instill. Os sistemas absorvedores de oxigênio foram bem representados: o OS1000, da Cryovac, remove o oxigênio da embalagem de atmosfera interna modificada. Um frasco flexível com bico integrado da Curwood enche uma embalagem a uma taxa antes inalcançável, de 240/min. O sistema de enchimento de tubo descartável da Filvek é montado em menos de dez minutos e pode armazenar soluções perigosas sem risco de contaminação.

20

Título: Novel oxygen scavenger to redraw the MAP map?

Autor: Lingle, R.

Fonte: Packag.Dig., v. 36, n. 3, mar. 1999, p. 88, 90, 92.

72

estudo de **embalagens para o varejo**

Resumo: A Cryovac Division, da norte-americana Sealed Air Corporation, tem desenvolvido um método novo de absorvedor de oxigênio para embalagem flexível que poderia mudar o campo de embalagem de atmosfera modificada (MAP). O sistema OS1000 patenteado da Cryovac usa um método secreto para absorver oxigênio. Ao contrário dos absorvedores convencionais, que confiam no óxido de ferro, o novo absorvedor à base de polímero não requer um ponto inicial mínimo de umidade para trabalhar. O filme OS1000 é ativado nas plantas dos usuários pela luz UV somente antes da selagem, usando um sistema disparador UV 4100 do seu proprietário, a Cryovac.

21

Título: Years of research culminates in the launch of polymeric oxygen scavenging system.

Autor: Anon.

Fonte: Food Cosmet. Drug Packag., v. 22, n. 5, maio 1999, p. 89.

Resumo: O OS1000 é um novo sistema polimérico absorvedor de oxigênio que absorve o gás do *headspace* para menos de 0,1%. A ação do produto permanece dormente durante o armazenamento. Tal sistema oferece substanciais economias de custo de embalagem quando comparado aos sachês. Pode ser usado em produtos de atividades elevadas e baixas de água, porque nem a água nem o dióxido de carbono são usados no processo de absorção. Também pode ser usado com as misturas de gás de atmosfera modificada. (Artigo curto.)

22

Título: Advances in metallocene products.

Autor: Maier, R. D.

Fonte: Kunstst. Plast Eur., v. 89, n. 3, mar. 1999, p. 45-52, 120-132.

Resumo: Uma revisão detalhada do *status* das resinas metaloceno e suas aplicações pode render economias de custo em termos de material e de processamento. PEs completamente novos são possíveis, caracterizados por densidade muito baixa e com nenhuma perda da homogeneidade, benefícios que incluem resistência elevada à perfuração e claridade ótica excepcional. Por modificação da distribuição de massa molar e PE metalocêmico ramificado de cadeia longa, pode ser desenvolvido aquele processo como PE de densidade baixa, mas que tenha propriedades mecânicas e óticas excelentes. As arquiteturas do polímero metaloceno de PP, tais como taticidade, podem ser controladas sem perda das vantagens do metaloceno. A rigidez dos copolímeros pode ser combinada às propriedades óticas de copolímeros aleatórios, com um aumento de até seis vezes na resistência ao impacto se comparada ao PS e com propriedades organolépticas muito boas. Tais perfis de propriedade indicam a recolocação substancial do PS para moldagem por injeção.

23

Título: Plastics packaging.

Autor: Anon.

Fonte: Verpack.-Rundsch., v. 50, n. 2, 1999, p. 37.

Resumo: O mercado europeu de embalagem plástica tem expectativa de crescer de US$ 4,7 bilhões em 1997 para US$ 10,9 bilhões em 2004. O crescimento será dirigido e as pesquisas para uma melhora nas propriedades dos polímeros e no desempenho dos custos continuarão sendo realizadas. O desenvolvimento de PE catalisado metaloceno, assim como de polímeros de especialidade PEN e EVOH, oferece alternativas aos materiais tradicionais de embalagem. (Artigo curto.)

24

Título: Sheet extrusion – Competition ups the ante on technological sophistication.

Autor: Schut, J. H.

Fonte: Plast. Technol., v. 45, n. 2, fev. 1999, p. 40-43.

Resumo: Seguindo a consolidação das organizações de extrusão de lâminas na América do Norte, a indústria está começando a desenvolver sua tecnologia de processo para melhorar a gama de produtos, bem como para reduzir custos e aumentar a automação, o tamanho e as velocidades da máquina. As inovações em multicamadas, revestimentos e pré-extrusão, combinadas com linhas de extrusões da lâmina, são revisadas neste texto. As larguras da folha até 120 in são agora comuns, mas as máquinas de alta velocidade permanecem na largura de 40-60 in. PPs altamente carregados com carbonato ou talco estão sendo extrudados como substitutos do papel fino. A coextrusão de até 11 camadas é agora possível, como o é a termoformagem posterior, enquanto os produtos recentes incluem o elastômero poliolefina metaloceno, a folha extrudada de espuma e a folha com condutividade mais elevada de um lado, se comparado com o outro.

25

Título: Innovative slate of PE grades meets wide-ranging processor needs.

Autor: Anon.

Fonte: Mod. Plast. Int., v. 29, n. 5, maio 1999, p. 145.

Resumo: O congresso mundial de polietileno de 1999, em Zurique, destacou grades com melhor processabilidade, do tipo linear de baixa e alternativas às blendas de PEBD/PELBD. A BP Chemicals introduziu um copolímero PEBD por meio de sua *joint venture* com a Bayer, a qual rasga facilmente após a iniciação do rasgo, mas que resiste ao rasgamento inicial. O desempenho superior para PEBD misturado com PELBD é conseguido pelo metaloceno PEBD Easy Processing tipo II (EZP) da Univation, que é usado puro. Os filmes melhorados e apropriados a túneis e estufas foram introduzidos por Polimeri Europa, e um PEAD para filme mais fácil de processar, o PE100 bimodal, está sendo introduzido no mercado pela Samsung para as tubulações de pressão. Outros materiais de tubulação são o polietileno reticulável com silano (PEX) da Solvay com resistência superior à propagação rápida de rachadura, força, e resistência à abrasão e química.

26

Título: The trend to ever thinner films with ever better properties.

Autor: Milles, G. M.

Fonte: Coating, v. 32, n. 2, jan. 1999, p. 4-5.

74
estudo de **embalagens para o varejo**

Resumo: O mercado europeu de embalagens plásticas estava ajustado para crescer cerca de 5,5 milhões de toneladas (US$ 18 bilhões em 1994) para 6,5 milhões de toneladas, valor maior que US$ 23 bilhões para 2001. A parte de mercado cresceu de 56,3% para 59,3%, com parte do volume crescendo de 41% para 43,6%. Para 2001, a embalagem de vidro e metal estará no segundo lugar, seguida pelo papel e pelo cartão. A embalagem flexível fornece uma melhor proteção do produto por usar recursos materiais mínimos. A medida de sacaria tem caído de 250 µm para menos de 150 µm, com cinco camadas de filmes de barreira abaixo de 20 µm para alimentos coextrudados. A tecnologia da resina de metaloceno permitirá à espessura de filme ser reduzida para 17-18 µm. Os desenvolvimentos técnicos em molde de poliolefina, coextrusão de filme soprado e revestimento por coextrusão são revistos.

27

Título: Targor's metallocene-PP offers new CD-ROM packaging.

Autor: Anon.

Fonte: Gummi Fasern Kunstst., v. 52, n. 2, fev. 1999, p. 89.

Resumo: O novo PP metaloceno da empresa alemã Targor[1] GmbH, Metoceno X 50081, fornece rigidez, transparência elevada e propriedades boas de fluxo durante a moldagem por injeção. Tem sido usado em tampas de CD-ROM desenvolvidas por VarioPac Disc System e produzidas por Ehlebracht GmbH, com uma redução de 30% na espessura de parede. Eles são 40% mais claros e têm uma resistência de impacto mais elevada que os recipientes convencionais. (Artigo curto.)

28

Título: PP major backs catalyst's potential.

Autor: Anon.

Fonte: Plast. Rubber Wkly, n. 1782, 16 abr. 1999, p. 2.

Resumo: A Targor está construindo uma fábrica em Ludwigshafen, Alemanha, para fornecer catalisadores para 1 milhão de toneladas de produção do polímero. A unidade terá uma capacidade de 100 toneladas/ano e será a primeira fonte de produção da Europa para catalisadores de metaloceno direcionada para a produção de PP. A nova unidade dará forma à base do negócio de licenciamento do grupo no setor e fornecerá catalisadores para o PP da própria base de metaloceno da Targor, introduzidos no mercado sob o nome de Metoceno. Estima-se que 20% de PP padrão serão feitos com os catalisadores de metaloceno em 2010. Em 1998, a Targor anunciou sua intenção de converter uma fábrica de 60 mil toneladas/ano em Wesseling para a produção de Metoceno em meados de 1999. Uma série de apresentações nos grades baseados em metaloceno está sendo introduzida no mercado. As aplicações promissoras incluíram uma abordagem inovadora da embalagem de CD-ROM e um copo de iogurte com vantagens de peso sob o sistema DSD da Alemanha. (Artigo curto.)

---

[1] A Targor agora é Basell.

29

Título: For injection moulding.

Autor: Anon.

Fonte: Packag. Innovation, v. 3, n. 8, maio 1999, p. 2.

Resumo: Metoceno X 50210 é um novo grade metaloceno de moldagem por injeção de PP da Hoechst e da BASF em conjunto com a Targor (*joint venture*) em Mainz, Alemanha. Descrito como uma alternativa eficaz de custo para PP homopolímero e PEAD, o novo produto oferece maiores propriedades de barreira ao oxigênio (entre 10% e 35%), bem como vida de prateleira realçada, empenamento menor, distribuição de peso molecular estreito e um preço atraente em relação ao desempenho. O Metoceno X 50210 não fornece transparência ótima, mas a opacidade é 20% menor, e a transmissão do vapor de água é comparável ao PP homopolímero. O material tem boas propriedades organolépticas e pode ser moldado livre de tensões. As aplicações do produto incluem cubas de sobremesa e iogurte. (Artigo curto.)

30

Título: Moving ahead with metallocene resins.

Autor: Bahl, S.

Fonte: Eur. Plast. News, v. 26, n. 3, p. 27-28.

Resumo: Os catalisadores de metaloceno estão fazendo sua parte na revolução global do catalisador de poliolefina e na tecnologia de processamento. Comercializado primeiro pela Exxon, em 1991, a tecnologia do metaloceno é usada agora por muitos produtores para modificar os PEs e para uma extensão menos avançada, os PPs. Os benefícios incluem uma produtividade mais elevada em termos de inovações, tais como a operação condensada da modalidade e características de processamento realçadas com o desenvolvimento de produtos bimodal ou produtos de peso molecular maior. Em 1998, o mercado para poliolefinas metaloceno esteve em 500 mil toneladas, compreendendo 90% de PEBD, bem como o contrapeso, que compreende 15 mil toneladas de PEAD e 45 mil toneladas de PP.

31

Título: Biodegradable epoxy resins?

Autor: Tanzer, W.

Fonte: Adhasion, v. 43, n. 5, 1999, p. 19-23.

Resumo: Os argumentos econômicos e ecológicos para plásticos biodegradáveis são revistos. Aproximadamente 10% a 15% de plásticos de base petroquímica poderiam ser substituídos por plásticos ou produtos biodegradáveis baseados em recursos renováveis. A norma DIN 54900 permite a compostabilidade dos materiais a serem acessados. Os polímeros de recursos renováveis incluem acrilatos derivados de glicose, amino, aldeído e proteínas epóxi modificadas, além de formaldeído ou amidos de milho epóxi modificados, como derivativos de lignina e açúcar ligados em cruz. O óleo de soja epoxidado pode ser polimerizado cationicamente por UV para dar forma a um filme com boa resistência de flexibilidade e perfuração. Os desenvolvimentos recentes em produtos epóxi biodegradáveis de amido modificado são revistos.

76

estudo de **embalagens para o varejo**

32

Título: Degradable bags for composting.

Autor: Anon.

Fonte: Mater. Recycling Week, v. 173, n. 24, 18 jun. 1999, p. 19.

Resumo: A Britton Gelplas desenvolveu um saco bio e fotodegradável apropriado para esquemas de compostagens. Tais sacos contêm um aditivo que acelera a degradação, permitindo que seja compostado com o resíduo. Quando os micro-organismos atacam o aditivo como parte do processo de compostagem, então o material PEAD degrada, faz com que o plástico se torne frágil e se decomponha em dióxido de carbono, água e biomassa. O saco pode ser armazenado sem risco de deterioração, além de não ser afetado pelo calor ou pela chuva. São ecoamigáveis, requerendo 50% menos de energia para serem produzidos que os sacos de papel, que produzem também 200 vezes mais água inaproveitada durante seu processo de fabricação. (Artigo curto.)

33

Título: Biodegradable plastics.

Autor: Smith, P.

Fonte: Panorama, v. 23, n. 1, fev./mar. 1999, p. 22.

Resumo: Interesses sobre o impacto negativo do resíduo e da legislação dos plásticos no gerenciamento e nos aditivos são considerados neste artigo. Os benefícios do novo grupo dos materiais biodegradável e compostável são apresentados. Os polímeros ambientais desenvolveram esses materiais novos baseados no PVOH processável, que, segundo declarações, contém componentes totalmente não tóxicos. A tecnologia patenteada permite que o material seja extrudado para produzir um filme transparente, flexível e altamente resistente à perfuração, e que, além disso, pode ser usado para folha extrudada e perfis, podendo até mesmo ser moldado. Equipamento convencional pode ser usado sem a degradação térmica normalmente associada. Comparado com o método de solução caro de moldagem, características multidimensionais equivalentes ou melhorias de força são possíveis. A solubilidade em água dos materiais pode ser extensivamente customizada. Esses materiais exibem excelentes propriedades de barreira a gás e resistência a óleos e produtos químicos não polares, assim como são prontamente pigmentáveis e imprimíveis.

34

Título: PIFA warns on degradable plastic.

Autor: Anon.

Fonte: Cosmetics Int., v. 23, n. 515, 25 fev. 1999, p. 14.

Resumo: Polímeros ambientalmente amigáveis deveriam ser considerados com cuidado antes de serem usados em aplicações diárias, de acordo com a Packaging and Industrial Films Association. Filme degradável pode não ser compatível com cuidado ambiental. Degradabilidade, ou seja, perda total de um recurso, é algo difícil de controlar e requer as condições certas. Os locais de aterro não são destinados para grandes quantidades de composto. Os polímeros degradáveis deveriam ser usados somente para aplicações especiais. (Artigo curto.)

35

Título: Novamont plans product portfolio expansion.

Autor: Anon.

Fonte: Eur. Plast. News, v. 26, n. 5, maio 1999, p. 24.

Resumo: A empresa italiana Novamont está para lançar um filme de embalagem de alimento biodegradável transparente, declarado como diferente da sua gama existente de Mater-Bi porque não é produzido à base de amido. Lotes experimentais de materiais de revestimento por extrusão e filme estão sendo fornecidos a clientes selecionados. A folha de espuma biodegradável para termoformagem também está sendo produzida pela empresa, que tem capacidade de 600 toneladas/ano. Os sacos feitos de seu material à base de amido Mater-Bi, oferecendo agora vida prolongada, segurarão os resíduos por até três semanas. Contudo, uma outra inovação é um filme de material vegetal Mater-Bi para uso em horticultura. Um estudo acerca do ciclo de vida de sacos do composto Mater-Bi, se comparado às versões do papel e do PE, revela um consumo de 4.500 MJ para o papel quando comparado com o de 500 MJ para os polímeros. A geração do CO_2 para o Mater-Bi era quatro vezes menor que o PE e dez vezes menor que o papel. (Artigo curto.)

36

Título: Breaking down the future – Biodegradable plastics for waste management.

Autor: Rigby, D.

Fonte: WARMER Bull., n. 65, mar. 1999, p. 20-21.

Resumo: Uma revisão de plásticos biodegradáveis é apresentada. Enquanto os grupos ambientais receberam os desenvolvimentos iniciais com desânimo, o Greenpeace está trabalhando com a Monsanto para desenvolver um cartão de crédito biodegradável feito de Biopol. Formulações são baseadas em componentes como o amido, o poli(ácido lático), o policaprolactona e poliésteres alifáticos. Uma relevância óbvia em compostos, nos quais o desensacolamento do resíduo orgânico não é requerido, pode ser vista. Os esquemas que requerem o uso de sacos biodegradáveis estão em operação nos Estados Unidos e a compostagem está se transformando no método preferido de eliminação de resíduos orgânicos. Com preços quatro a cinco vezes maiores que o de um saco plástico convencional, o custo permanece um obstáculo. Existe pouca expectativa dos biodegradáveis que substituem plásticos convencionais, mas em conjunto com os resíduos orgânicos limpos, tais como aparatos de jardim e resíduos de alimento, os prospectos são promissores.

37

Título: Advances in automatics plastics waste sorting.

Autor: Warmington, A.

Fonte: Eur. Plast. News, v. 26, n. 6, jun. 1999, p. 24.

Resumo: Mais de 200 delegados compareceram ao segundo Identiplast em Bruxelas. Desde o primeiro, em 1997, a distribuição automatizada de resíduos tem afastado a distribuição manual. A legislação continua a criar demanda para a mecanização, mas a União Europeia está procurando iniciativas proativas e melhores por parte da indústria que as que estão

78

estudo de **embalagens para o varejo**

sendo reguladas até o momento. A reciclagem mecânica de plásticos pós-consumidor poderia chegar a 2,7 milhões de toneladas/ano em 2006, de acordo com um estudo realizado na Europa pela Association of Plastics Manufacturers, mas existiam limites práticos para isso. A organização tem autorizado um estudo das melhores práticas. Inovações em termos de identificação e de tecnologias de reciclagem que usam a oxidação e a dissolução supercrítica da água, além do trabalho em tecnologia de localizador, foram caracterizados. A Amoco Chemical, ao lado da Coca-Cola e da Shell Chemical, tem contribuído ao financiar o desenvolvimento em MSS de um sistema sensor para resinas PEN e PEN/PET antes da produção comercial. Na Suíça, uma tecnologia de resultado está recuperando o puro resíduo dos compostos difíceis, tais como Tetra Paks, PCBs e Inchema, além de estar integrando o resíduo do desfibrador à recuperação da energia.

38

Título: Biodegradability of starch-based plastics in a landfill in Mexico.

Autor: Arevalo, N. K.; Galan, L. J.

Fonte: Poly. Mater. Sci. Eng., v. 80, primavera 1999, p. 593.

Resumo: Amostras de amido EAA-PEBD, de amido PEG e de filme soprado de amido EAA foram expostas em um aterro por 120 dias para testar sua biodegradabilidade. Os filmes foram colocados a 30 cm de profundidade e amostrados a cada 15 dias, fazendo-se exame em parâmetros ambientais do cliente. A biodegradação do amido foi determinada pela perda do peso, mudança na absorção de FTIR e por suas propriedades físicas. A maior perda de peso estava nos filmes de amido EAA-PEBD, com 8,3%; nos filmes de amido EAA-PEG, com 3,04%, e nos filmes de amido EAA, com 1,69%. As absorções de FTIR foram reduzidas ligeiramente em faixas de C-O e O-H. Os controles não mostraram mudança. Todas as formulações indicaram mudanças nas propriedades físicas. Os resultados indicaram que as condições ambientais eram inadequadas para a degradação microbial a se realizar. (Artigo curto.)

39

Título: Physical structure of polyolefin-starch blends after ageing.

Autor: Zuchowska, D.; Hlavata, D.; Steller, R.; Adamiak, W.; Meissner, W.

Fonte: Polym. Degradation Stab., v. 64, n. 2, 4 maio 1999, p. 339-346.

Resumo: Amostras de blenda, compreendendo PEBD ou PP e contendo 40-50 wt% de amido plastificado por glicerol, foram enterradas horizontalmente no teste de solo por até quatro meses para determinar a estrutura molecular (grau de cristalinidade) e a estrutura supermolecular das amostras, seguindo a biodegradação e o envelhecimento atmosférico. Após o teste de solo, amostras foram tratadas com 10% de solução aquosa de NaOH por cinco dias à temperatura ambiente. Métodos de espalhamento de raios X de baixos e altos ângulos (SAXS e WAXS) foram usados para monitorar as amostras em cada estágio da degradação. Houve uma diminuição de 75% no índice de amido da fase inicial durante a biodegradação em solo, e um adicional de 80% a 85% após a degradação química em solução de NaOH. O conteúdo da fase cristalina foi ligeiramente afetado somente pela biodegradação, mas o índice de cristalinidade aumentou com o tratamento de NaOH.

40

Título: Biodegradable plastics and their use in packaging.

Autor: Selke, S.

Fonte: Food Cosmet. Drug Packag., v. 22, n. 3, mar. 1999, p. 53-55.

Resumo: Resinas biodegradáveis são examinadas. O Biopol bacterianamente produzido pela ICI foi comercializado em torno de 1991 e usado pela empresa de cosméticos Wella na produção de frascos de xampu. Foi vendido à Zeneca em 1993 e, então, à Monsanto em 1996. O Biopol, que custa aproximadamente dez vezes mais para ser produzido que os plásticos convencionais, tem perdido dinheiro. Entre os grupos que ainda prestam atenção aos polímeros bacterianamente produzidos está a Metabolix, de Cambridge, Estados Unidos. Outros caminhos para a produção de resina biodegradável incluem materiais à base de amido atualmente pesquisados por um grande número de empresas. Essa tecnologia foi comercializada pela Warner Lambert como Novon em 1990. O ácido lático e os materiais à base de polissacarídeos também foram desenvolvidos. Eastman, Bayer, BASF e DuPont têm biodegradáveis comerciais. Suas viabilidades permanecem limitadas à embalagem destinada à compostagem. Caso contrário, a biodegradabilidade tende a ser prejudicial em vista das mudanças inevitáveis nas propriedades dos materiais com o tempo.

41

Título: Legislation creates new potential for biodegradable use in Japan.

Autor: Moore, S.

Fonte: Mod. Plast. Int., v. 29, n. 5, maio 1999, p. 38-39.

Resumo: Com a introdução de leis no Japão em favor da recuperação e da reutilização mandatória de embalagem plástica, é provável que se aumente o uso de resinas de embalagem biodegradáveis, uma vez que estas devem ser imunes. Os consumidores japoneses também estão positivamente a favor da biodegradabilidade. Os preços de US$ 3,33-4,16/kg permanecem um fator limitante. O tamanho do mercado, estimado para ser de 1.500 a 3.000 toneladas em 1998, tem dobrado desde 1997. Estimativas para a demanda global em 2001 variavam de 70 mil a 200 mil toneladas. A Showa Highpolymer produz o poliéster alifático Bionole a partir do qual um material de embalagem expandida, chamado Green Block, foi recentemente desenvolvido pela JSP Corp. Custa entre 20% e 30% mais que o EPS. A Shimadzu Corp. está considerando se compete com os polímeros da Cargill Dow e se introduz a Lacty no mercado, sua resina poli(ácido lático) (PLA). A Daicel Chemical Industries está usando irradiação gama para reticulação de PLA a fim de aumentar sua temperatura de deflexão ao calor de 60 °C para 150 °C. Nove processadores estão formando uma empresa de capital de risco, a Environmental Technologies Co., para a confecção de ferramentas combinadas de Blue PLA da Riken Vinyl Industry. A Dainippon Ink and Chemicals Inc. está misturando PLA com poliéster, e a Nippon Shokubai está desenvolvendo o sucinato de PE, cujas propriedades de barreira a gás são comparáveis à película PET biorientada.

42

Título: Eastman adds European biodegradable capacity.

Autor: Anon.

Fonte: Eur. Plast. News, v. 26, n. 5, maio 1999, p. 24.

Resumo: Uma fábrica de poliéster dirigida pela Eastman Chemical em Hartlepool, Reino Unido, está sendo modificada para produzir copoliéster alifático-aromático biodegradável Eastar Bio, derivado do ácido adípico, do ácido tereftálico e do butanodiol. Com uma capacidade de 15 mil toneladas/ano, a fábrica servirá à demanda europeia atual e futura. Esse material tem propriedades físicas similares ao PEBD para filme *cast* e soprado, bem como para revestimento por extrusão. O material está disponível nas quantidades conteinerizadas limitadas da fábrica de Kingsport da empresa, nos Estados Unidos. (Artigo curto.)

43

Título: Biodegradable plastics launch for chemical importer.

Autor: Anon.

Fonte: Packag. News, abr. 1999, p. 41.

Resumo: Um plástico à base de PVA biodegradável chamado pvax foi introduzido pela British Traders and Shippers, de Dagenham, Reino Unido. Desenvolvido pela Pvax Polymers em Dublin, República da Irlanda, o material incorpora aditivos de grade de alimento e oferece propriedades similares ao EVOH no que diz respeito à resistência à umidade e à barreira a gás – tudo isso a um preço também similar. Além disso, oferece excelente solubilidade em água quente e fria, bem como impacto elevado e resistência à tração, podendo ser extrudado ou moldado por injeção em equipamento padrão. As aplicações são vistas em bolsas de água solúvel, saco em caixas, sacos de lixo, filme agroquímico, embalagem médica e, eventualmente, pacotes de alimento coextrudado. A base de polímeros estabelecidos dos materiais indica que está bem em termos físicos e toxicológicos. A empresa fabricante do pvax está em negociação com o maior fabricante britânico de cerveja, em razão do consumo de EVOH nesse setor. A produção é administrada por um fabricante de ferramentas britânico não nomeado. (Artigo curto.)

44

Título: Folding cartons remain sturdy.

Autor: Swain, E.

Fonte: Pharm. Med. Packag. News, v. 7, n. 3, mar. 1999, p. 38, 40, 42, 44, 46.

Resumo: Os desenvolvimentos de embalagem no setor farmacêutico de caixa dobrável são discutidos. Os desenvolvimentos que eram esperados para reduzir a demanda por caixas de dobradura, tais como etiquetas de conteúdos expandidos, tubos autônomos, etiquetagem sofisticada e drogas de prescrição, não têm tido seus efeitos previstos, e as caixas estão mantendo sua fatia de mercado. Os números crescentes de medicamentos mudando sobre o balcão (OTC), *status*, maior sofisticação no estilo e no projeto da caixa, adaptação para atender demandas de cliente por uma qualidade melhorada e a custos reduzidos, fatores ambientais e uso da imprensa flexográfica de rede estreita têm aumentado a demanda por caixas no mercado farmacêutico. As inovações para os fabricantes de caixas incluem embalagem de drogas de prescrição em 12 ou 24 comprimidos, bem como embalagem de sistemas de fornecimento de medicamentos em estado líquido.

45

Título: Polymer processing and materials in the next millennium.

Autor: Kulshreshtha, A. K.; Awasthi, S. K.

Fonte: Pop. Plast. Packag., v. 44, n. 1, jan. 1999, p. 59-65, 76.

Resumo: Os desenvolvimentos de moldagem de plástico esperados para emergir no século XXI são apresentados neste artigo. A pesquisa de pigmento rendeu dois pigmentos de quinacridona, oferecendo excelente estabilidade ao calor como alternativas aos pigmentos contendo cádmio e outros metais. Trabalhos sobre degradação durante a moldagem por injeção de PP, irregularidades de superfície criadas durante o processamento de PEBD linear, eliminação de linhas de emenda nas peças moldadas e compostagem melhorada de PP estão em andamento. Os copolímeros ciclo-olefinos produzidos pela Hoechst com tecnologia do catalisador de metaloceno e vendidos sob o nome de Topaz são esperados para impactar a embalagem *blister*, bem como seringas, frascos e moldagem de parede fina. A BASF desenvolveu os náilons carregados de pó de alumínio Ultramid que dão um efeito de alumínio fundido, e a GE Plastics está trabalhando em policarbonato revestido duro.

46

Título: Coinjection boosts barrier properties of PET bottles – A report.

Autor: Anon.

Fonte: Pop. Plast. Packag., v. 44, n. 2, fev. 1999, p. 70-72.

Resumo: As inovações em termos de coinjeção, projetadas para estimular as propriedades de barreira de frascos PET, são discutidas aqui. A tecnologia está alcançando a massa crítica em resposta ao crescimento da demanda por produtos normalmente embalados em vidro ou metal, tais como sucos, bebidas carbonatadas, molhos de tomate e condimentos. Uma barreira mais elevada é geralmente quantificada como um aumento de 100% na retenção do dióxido de carbono e realçamento de 200% a 400% da resistência para permeação do oxigênio. Os avanços em termos de maquinaria, ferramentas e tecnologia de processos das empresas norte-americanas, canadenses, japonesas, alemãs, francesas, italianas e suíças estão listados.

47

Título: Coinjection boosts barrier properties of PET bottles.

Autor: Gabriele, M. C.

Fonte: Packag. India, v. 31, n. 5, dez. 1998/jan. 1999, p. 45-47.

Resumo: Uma nova geração de aplicações em alimentos e bebidas para recipientes PET está emergindo, e a demanda por propriedades realçadas de barreira a gás pode agora ser satisfeita. Na América do Norte e na Europa, a realização de coinjetados com camadas de barreira EVOH ou especialidades de náilon é o caminho principal do futuro. Comparados ao PET monocamada, esses produtos oferecem uma resistência à permeação tanto do dióxido de carbono 100% maior quanto do oxigênio 200% a 400% maior. A vida de prateleira estendida resultante abre até possibilidades de embalagem de substituição para sucos, bebidas carbonatadas, café instantâneo, molhos e condimentos à base de tomate, além de picles, gelatinas e geleias. A tecnologia de coinjeção de pré-forma se tornará largamente licenciada entre os

82

estudo de **embalagens para o varejo**

processadores à medida que novas versões dessa tecnologia emergirem. Os exemplos dos novos desenvolvimentos em torno do mundo são apresentados neste artigo.

48

Título: Coinjection steers tool design for PET bottles.

Autor: Gabriele, M. C.

Fonte: Mod. Plast. Int., v. 29, n. 3, mar. 1999, p. 96-98.

Resumo: Uma revisão da coinjeção para produzir frascos PET com propriedades realçadas de barreira, bem como para a preservação realçada da vida de prateleira, do sabor e do aroma é apresentada aqui. A maior demanda é por bebidas carbonatadas, mas os frascos de cerveja estão se aproximando e garrafas PET de boca larga para molhos e condimentos representam maior ameaça ao vidro. O mercado dos Estados Unidos para tais frascos é de quatro bilhões por ano: enquanto o vidro representava 95%, as embalagens PET poderiam capturar até 50% do mercado em 2005. Muitas edições de patente relacionam-se ao projeto de sistemas de ferramentas. Típico de desenvolvimentos à margem do destaque é a Kortec, que entregou recentemente uma ferramenta de 48 cavidades para um processador norte-americano trabalhar em uma Husky GL 300 de 300 toneladas. Ambos entregarão a produção simultânea de três camadas. Onde uma resina central de EVOH se processa com uma diferença de 70 °C (para menos) das resinas externas, o controle separado de temperatura do canal quente da MSI Controls Inc. é crítico.

49

Título: New infusion bags without PVC.

Autor: Anon.

Fonte: Verpack. Berat., n. 4, 1999, p. 42.

Resumo: A Tenneco Packaging Europe e a Sengewald têm desenvolvido uma nova bolsa flexível de infusão, Propyflex, baseada em um filme de três camadas coextrudado constituído de PP, poliamida e de elastômero termoplástico. Os sacos combinam com a flexibilidade e a transparência do PVC plastificado e podem ser esterilizados a 121 °C. Sua baixa permeabilidade de vapor de água elimina a necessidade de uma embalagem protetora secundária. Uma medida de 200 µm, metade da espessura de sacos convencionais de PVC, oferece recurso de material, transporte e economia de custo de manipulação dos detritos.

50

Título: Win-win status for Coralfoam.

Autor: Anon.

Fonte: Plast. Rubber Wkly, n. 1768, 8 jan. 1999, p. 12.

Resumo: A tecnologia da West Sussex Company Coralfoam Ltd. permite uma combinação de gás/polímero para criar seções transversais de rigidez elevada de 5 a 10 milímetros em quatro segundos ou menos. O ferramental é mostrado neste artigo, incluindo ejetores de baixo custo. Uma gama de produtores de embalagem, notavelmente de copos, potes de macarrão e copos para viagem, estava em contato, e diversas inovações ocorreram em 1999. A empresa tem aplicado seus produtos em patentes para a InjectForm II, que produz seções seletivamente espumadas de parede fina em menos de três segundos, e dois licenciados devem-se ao lançamento de produtos em 1999. Contudo, uma outra aplicação de patente cobre uma técnica ferramental de parede grossa. (Artigo curto.)

51

Título: Strong formed parts made with hybrid moulding process.

Autor: Mapleston, P.

Fonte: Mod. Plast. Int., v. 28, n. 6, jun. 1998, p. 36, 38.

Resumo: A Coralfoam, no Reino Unido, tem modificado seu processo Coralfoam para produzir um produto de peso mais leve, com melhorada resistência à compressão. O processo Inject-Form II combina moldagem por injeção, termoformagem e espuma. Os potenciais produtos incluem um pote de margarina de PP, que é 40% mais leve que os modelos termoformados existentes, além de vasos de flores e copos para máquinas de café (conhecidas como *vending machines*). O processo, que começa com uma pré-forma robusta, é descrito ao longo deste artigo. Outras variantes do processo de injeção estão em desenvolvimento, nas quais as misturas gás-polímero são usadas para produzir moldes mais duros e mais leves que os de injeção convencional. A empresa informa ter desenvolvido um sistema para a injeção direta do nitrogênio, que será capaz de processar resinas amorfas e estirênicas, bem como de produzir moldes maiores.

52

Título: Coralfoam targets thinwall foam parts.

Autor: Anon.

Fonte: Plast. Rubber Wkly, n. 1739, 5 jun. 1998, p. 11.

Resumo: O processo InjectForm II é uma nova tecnologia de moldagem por injeção desenvolvida pela Coralfoam, do Reino Unido. O processo permite seletivamente que a embalagem expandida de parede fina seja produzida com menos variação e peso de peça menor que com termoformagem. O processo inclui um projeto de molde de injeção recente, bem como a criação da estrutura de espuma dentro das peças fundidas, além de um segundo estágio de estiramento dentro dos tempos do ciclo e curso de abertura do molde de aproximadamente três segundos. A tecnologia de expansão seletiva da Coralfoam está também disponível e pode ser usada com a InjectForm.

53

Título: Coralfoam starts to realise its potential.

Autor: Anon.

Fonte: Br. Plast. Rubber, set. 1997, p. 5-6.

Resumo: Uma tecnologia desenvolvida pela Coralfoam dos Estados Unidos, que permite a expansão de uma parte selecionada de uma moldagem por injeção, tem sido estendida agora para os britânicos produzirem componentes inteiramente expandidos com uma superfície densa. Os três benefícios preliminares do processo são os seguintes: por meio deles fazem-se peças mais duras, mais leves e mais rapidamente. O grande potencial para a Coralfoam está na tendência atual de moldagem de dois componentes, com um elastômero termoplástico fornecendo um produto que, de outra maneira, seria rígido, mas que por meio dessa tecnologia possui propriedades macias de contato. As aplicações previstas variam dos fechamentos a selos moldados e de vasos de flores a para-choques de carro.

54

Título: Rigid yet flexible.

Autor: Goddard, R.

Fonte: Packag. Week, v. 12, n. 36, 13 mar. 1997, p. 16.

Resumo: Os avanços na produção de embalagens de plástico rígido são discutidos neste texto. Os avanços no controle da viscosidade, que permitem que polímeros difíceis, tais como PET, sejam moldados por sopro, também são descritos. Esses avanços incluem técnicas de geometria controladas de extrusão, tais como Scorim, e o uso inteligente de peças móveis nos moldes. A empresa britânica Coralfoam desenvolveu uma técnica chamada expansão local, na qual um agente expansor é incorporado por meio do lote. Controlando a temperatura interior do molde muito precisamente em diferentes áreas, as partes plásticas das paredes são feitas para expandir somente em determinadas áreas, claramente definidas após terem deixado o molde.

55

Título: Selective foaming makes parts strong and lightweight.

Autor: Anon.

Fonte: Mod. Plast. Int., v. 26, n. 10, oct. 1996, p. 42, 44, 46.

Resumo: Uma nova técnica de moldagem por injeção usando agentes de expansão endotérmicos para expandir seletivamente seções do molde poderia ter um efeito radical na maneira como as peças são projetadas. O processo, concebido em primeiro lugar por Peter Clarke quando ele desenvolvia um copo isolante moldado, melhora a rigidez e reduz o peso ao mesmo tempo. Apesar de a espuma ocorrer em espaço livre e depois que o molde abriu, este é declarado ser altamente controlável e reproduzível. Os recipientes podem ser confeccionados para tolerâncias mais apertadas que as que podem ser conseguidas por meio da termoformagem. Clarke fundou uma empresa, a Coralfoam, em colaboração com seus colegas na indústria de plásticos britânica, e os planos da empresa incluem licenciar mundialmente a tecnologia Coralform.

56

Título: Foam process on show.

Autor: Smith, C.

Fonte: Plast. Rubber Wkly, n. 1638, 31 maio 1996, p. 9.

Resumo: Coralfoam é um método de moldagem por injeção que permite que as densidades de espuma sejam variadas e que as características de parede grossa sejam adicionadas sem estender o ciclo de moldagem. A Reedy International, empresa norte-americana, desenvolveu o Reedy Safoam, agente expansor e nucleante que confere à Coralfoam suas propriedades isolantes. Diz-se que o aditivo é seguro para o ambiente e que tem a aprovação do FDA para ser usado com alimentos. Usar Safoam em conjunto com Coralfoam torna os sistemas especiais para aplicações particulares. O equipamento de processamento existente não necessita de nenhuma modificação, mas um bom dosador de *masterbatch* deve ser adicionado ao agente de expansão. As experimentações mostraram que o Coralfoam pode ser usado com poliolefina e materiais estirênicos para embalagem, e espera-se que seu uso seja estendido a materiais de engenharia. (Artigo curto.)

57

Título: The economics of plastics.

Autor: Forcinio, H.; Schrafft, H.

Fonte: Canner & Filler, jan. 1999, p. 24, 26.

Resumo: Uma revisão de como os produtores de equipamentos de moldagem a sopro estão contribuindo para recipientes de encher embalagens a quente PET é apresentada neste texto. Economias são cruciais para que o PET possa competir com o vidro, tais como eficiências e saídas de máquina melhoradas, consumo de energia reduzido e índice de resina também reduzido em pré-forma – todos estes fatores vitais para a sua comercialização. A SBO18 Series 2 de 18 cavidades de dois estágios da Sidel pode funcionar com 25.200 frascos/hora, uma taxa somente possível antes em máquinas de 24 cavidades. Um aumento de 25% em eficiência, bem como uma redução de 20% no uso da energia, de 30% na manutenção e de 10% na mudança são também reivindicados. O Contiform de dois estágios da Krones pode ter 10, 16 ou 24 estações para alcançar as saídas de 12.000-28.800 frascos/hora. Os desenvolvimentos da Nissei, Aoki, SIPA, Krupp, Krauss Maffei e Husky são descritos ao longo do texto. Moldes modulares oferecendo a produtividade de 64 cavidades em um volume de 16 cavidades também são anotados.

58

Título: Sidel hails new barrier for PET bottles.

Autor: Anon.

Fonte: Plast. News, v. 11, n. 11, 3 maio 1999, p. 4.

Resumo: O Groupe Sidel, um produtor francês de máquinas de moldagem a sopro de PET, desenvolveu o Actis, uma máquina que produz frascos PET de camada única com uma camada de carbono. Trata-se de uma alternativa aos sistemas existentes que requerem, especialmente, pré-formas coinjetadas com barreiras ao oxigênio. O desenvolvimento de redução de custo é apontado para frascos de refrigerante ou cerveja, que requerem boas propriedades de barreira ao dióxido de carbono e ao oxigênio, e que serão vendidos nos Estados Unidos por meio da Sidel Inc., localizada em Norcross, GA. As máquinas serão produzidas na fábrica matriz da Sidel em Le Havre, França. A Sidel Inc. deve procurar uma carta de liberação da norte-americana Food and Drug Administration para aplicações de contato com alimento. (Artigo curto.)

59

Título: Better bottle barrier.

Autor: Anon.

Fonte: Packag. Innovation, v. 3, n. 8, maio 1999, p. 1.

Resumo: O Groupe Sidel, um fabricante francês de maquinário de moldagem a sopro de PET, tem desenvolvido uma nova tecnologia de revestimento de plasma para frascos PET. O processo, chamado ACTIS (Amorphous Carbon Treatment on Internal Surface), é divulgado como capaz de aumentar a barreira ao oxigênio em 30 vezes, se comparado com a barreira do frasco PET de camada única, enquanto a barreira ao dióxido de carbono é sete vezes melhorada. Isso fornece um frasco PET com propriedades de barreira comparáveis às de recipientes de bebida de vidro e de metal. As especificações e uma descrição do processo são dadas neste texto. (Artigo curto.)

60

Título: Plasma coating layer improves bottle barrier.

Autor: Ayshford, H.

Fonte: Packag. Mag, v. 2, n. 9, 6 maio 1999, p. 4.

Resumo: A ACTIS é uma nova tecnologia de revestimento de plasma desenvolvida pela Sidel, fabricante francês de maquinário de moldagem a sopro de PET. A empresa informa que a nova tecnologia melhora as propriedades de barreira de uma camada única de PET por 30 vezes para o oxigênio e sete vezes para o dióxido de carbono, fornecendo, assim, propriedades de barreira comparáveis com os recipientes de bebida de vidro e de metal. O processo envolve revestir o interior de um frasco padrão de PET de camada única com uma camada grossa de 0,1 µm de carbono amorfo altamente hidrogenado, criado de um plasma de gás seguro ao alimento. Isso é feito posteriormente à moldagem por sopro em uma máquina patenteada que emprega o sistema giratório de saída elevada da Sidel. A máquina inicial, a ACTIS 20, tratará de até 10 mil frascos por hora, até a capacidade de 600 ml, usando 20 estações. As vantagens de custo são informadas sobre recipientes dos concorrentes e os testes de gosto da cerveja que revelam paridade com os frascos de vidro. (Artigo curto.)

61

Título: TetraPak dynasty sees growing spurt.

Autor: Anon.

Fonte: Paperboard Packag., v. 84, n. 2, fev. 1999, p. 15-16, 19.

Resumo: A Tetra Pak evoluiu de uma empresa familiar pequena para o maior produtor de embalagem de líquidos do mundo. A tecnologia Tetra Pak inclui o revestimento do núcleo e a folha de alumínio. A empresa aperfeiçoou a tecnologia de revestimento por coextrusão, na qual, pelo revestimento, formato do pacote e enchimento é conduzido em uma única linha de máquina. As investigações recentes em um revestimento de óxido de silício (SiO_x) foram conduzidas no centro de pesquisa e desenvolvimento dos Estados Unidos. A tecnologia especial de metalização envolve a aplicação de um filme de superfície de barreira revestida imprensada entre camadas de PE e laminada e uma camada de papel revestido de PE.

62

Título: Clean machines.

Autor: Lee, M.

Fonte: Eur. Plast. News, v. 26, n. 5, maio 1999, p. 27.

Resumo: O produtor de bebidas suíço e o engarrafador Henniez têm instalado um novo sistema de engarrafamento e moldagem a sopro de PET asséptico linear Tetra Pak em sua fábrica de Minérales Henniez XIII Cantons. Como franqueada da Virgin no país, a empresa estará produzindo a nova bebida de chá congelado da Virgin. Cerca de 40% de saída da empresa está em embalagens PET. Em razão das temperaturas quentes de abastecimento que, por meio da oxidação, podem danificar o sabor e o valor nutritivo do chá, a Tetra Pak projetou um sistema usando uma pasteurização rápida. Uma abordagem modular permitiu a utilização do espaço limitado, mas aumentou também a velocidade da instalação. Uma máquina de moldagem a sopro de seis cavidades DBX-6 foi especificada devido a suas dimensões reduzidas. Os tempos de ciclo são otimizados por um dispositivo de pós-refrigeração que fornece uma saída de 6 mil frascos por hora. O módulo de engarrafamento giratório, alimentado com as pré-formas de Tetra Pak na Bélgica, pode funcionar em até 12 mil frascos por hora.

63

Título: Tetra Pak Group.

Autor: Anon.

Fonte: Brauwelt, v. 139, n. 18, 6 maio 1999, p. 828-829.

Resumo: O movimento de 1998 do grupo alemão da Tetra Pak alcançou 1,3 bilhão de marcos, quantia inalterada em 1997, com lucros mais baixos. A Tetra Pak calculou um aumento de 7,2 bilhões para 10 bilhões de pacotes no mercado alemão de caixas de bebida. O movimento internacional do grupo Tetra Pak alcançou 13,3 bilhões de marcos, com 85 bilhões de pacotes vendidos mundialmente. Os frascos PET oferecem agora um potencial de mercado maior que as caixas. Um novo frasco de cerveja PET com silício revestido tem sido desenvolvido. (Artigo curto.)

64

Título: Tetra Pak springs into action.

Autor: Anon.

Fonte: Packag. Mag, v. 2, n. 9, 6 maio 1999, p. 8.

Resumo: A Highland Spring tem instalado um sistema de sopro de frascos PET de 6 mil frascos por hora fornecido pela Tetra Pak em sua fábrica de Perthshire, Reino Unido. O moldador a sopro por estiramento, Tetra Pak X-6, permite oito projetos de frascos para serem produzidos com mudanças rápidas e que podem acomodar a adição de máquinas extras. A divisão PET Systems da Tetra Pak está fornecendo pré-formas. Um sistema flexível de transporte de ar bloqueado de 12 mil frascos por hora foi instalado também. (Artigo curto.)

65

Título: PET reheat machines make better bottle faster.

Autor: Anon.

Fonte: Plast. Technol., v. 45, n. 3, mar. 1999, p. 18.

Resumo: Uma nova gama de máquinas de reaquecimento de moldagem a sopro por estiramento da Tetra Pak PET Packaging Systems North America, as séries LBX, tem forno e projetos de servoacionamento que oferecem tempos de ciclos mais curtos e uma saída mais elevada que as séries DB. Uma máquina de duas cavidades, a LBX-2, produz frascos PET de 0,25 litro a 3 litros em até 3 mil frascos por hora. O LBX-6 de seis cavidades, devido ao seu lançamento em meados de 1999, pode produzir frascos PET de 0,25 litro a 2 litros em até 7 mil frascos por hora. As melhorias na resistência de compressão e na resistência de ruptura também são declaradas ao longo do artigo. As lâmpadas de aquecimento podem ser colocadas em distâncias variadas da pré-forma e uma da outra, a fim de realçar o modelamento ao calor. O servoacionamento acrescentado controla agora o movimento da haste de estiramento e as servoválvulas de controle de sopro. A remoção de ferramentas dos anéis do gargalo, ajuste simples de alimentação e saída do trilho, mudança rápida de ferramentas e lâmpadas IR, tudo contribui para a rápida mudança de produção. (Artigo curto.)

66

Título: New tube concept.

Autor: Anon.

Fonte: Neue Verpack., v. 52, n. 4, abr. 1999, p. 16-18, 21.

Resumo: Na Obrist and Co. AG, na Suíça, o novo SOFTube combina a baixa exigência do material da embalagem de filme com a manipulação fácil dos tubos. Os tubos *stand-up* são produzidos com filme de 120 µm e com capacidades que variam de 50 ml a 300 ml – além do duplo fechamento novocap tipo "abre fácil", oval, como suporte. Um SOFTube de 75 ml vazio, com fechamento, pesa 8,4 g, se comparado com os 10 g a 14 g de um tubo convencional de pasta de dente, e oferece economias de peso e de custo em transporte e armazenamento.

67

Título: Twisting by the pool.

Autor: Anon.

Fonte: Packag. News, mar. 1999, p. 3.

Resumo: O SimpliTwist foi lançado no Reino Unido pela Leeds Company Seaquist Loffler. Trata-se de um fechamento de torção de distribuição recente que surgiu no setor de cuidados pessoais. O projeto de três peças compreende tubos comprimíveis e permite que os usuários destravem um selo de viagem com uma ação de torção de um quarto de giro. O produto pode, então, ser espremido para fora sem sujeira. Uma válvula age como um selo primário, que permite que o produto seja dispensado como requerido. Reempregando-se selos adicionais de viagem, impedem-se vazamentos acidentais. O sistema é projetado para produtos como cremes de mão, umidificadores, xampus, preparações de cuidados com a pele, géis de chuveiro e produtos de cuidado para o corpo. Projetado e produzido pela Seaquist Closures, matriz norte-americana, o fechamento recebeu uma medalha de ouro da Packaging Technology and Engineering, publicação norte-americana voltada para esse mercado.

68

Título: Standing up to the can.

Autor: Anon.

Fonte: Food Eng. Int., v. 24, n. 1, fev. 1999, p. 21.

Resumo: Bolsas *stand-up* assépticas e retortáveis são um sucesso de mercado no Japão e estão sendo usadas de outras formas na Europa e nos Estados Unidos. Essa bolsa é uma alternativa de pouco peso às latas, fornecendo tempo reduzido de preparação e uma vida de prateleira longa. A norte-americana Profile Packaging está desenvolvendo um zíper refechável e retortável de PP. Três empresas, Elag Verpackungen, Astepo e Menchen, estão produzindo em conjunto esse tipo de bolsas. Bolsas retortáveis estão sendo usadas atualmente para o acondicionamento de sopas frescas e de outros produtos que precisam ser acondicionados em embalagens transparentes para que os clientes vejam o conteúdo da embalagem. As bolsas assépticas, que agora podem ser esterilizadas, são usadas para acondicionar produtos como purês de frutas, molhos de frutas e de chocolate, e ovos líquidos. Essas embalagens são esterilizadas por raio gama, enchidas por meio do bico e com dispositivo de evidência de violação. A Mishima Foods, do Japão, usa bolsas retortáveis para seus produtos à base de cogumelo.

69

Título: That certain knack.

Autor: Blum, T.

Fonte: Verpack.-Rundsch., v. 50, Special Issue Interpack 99, maio 1999, p. D28, D30.

Resumo: A barreira de vapor de água é essencial para manter produtos crocantes em embalagens de batata chips. Um aumento de umidade, de aproximadamente 3%, renderá batatas umidecidas e sem gosto. A Wolff Walsrode, da Alemanha, desenvolveu um novo Walofilm Combi PPC 2016 XM, ou seja, um laminado de BOPP de 20 μm e um filme de BOPP metalizado de 16 μm, com uma taxa de transmissão ao vapor de água de 0,2 g/m^2/dia, a 38 °C e com 90% de umidade relativa. A metalização fornece proteção contra a foto-oxidação das gorduras não saturadas presentes em alimentos de refeição leve. A taxa da transmissão ao oxigênio, de 15 cm^3/m^2/dia do filme novo, compara-se com 40 cm^3/m^2/dia do filme de embalagem convencional das refeições leves. Um novo método para determinar a integridade do selo em pacotes tipo *snack*, por medição do tamanho efetivo do furo, é descrito neste artigo.

70

Título: Cast PP films and its emerging application in biscuit industry.

Autor: Athalye, A. S.

Fonte: Pop. Plast. Packag., v. 44, n. 2, fev. 1999, p. 57-66.

Resumo: As propriedades e usos finais dos filmes planos de PP (CPP) são apresentados neste texto, com referência particular ao seu uso em biscoitos e embalagens de produtos de padaria. Os dados são apresentados, em primeiro lugar, na forma de tabelas. Estes cobrem a disponibilidade comercial de CPP, bem como suas vantagens, características principais, avaliação comparativa de vários plásticos, efeito da orientação e propriedades de filme. Outras tabelas incluem aplicações de filme de CPP, além de dados físicos e mecânicos desses filmes, tais como dados de transmissão de vapor de gás, vapor de água, de odor comparados com outros termoplásticos, e o efeito de dobrar e amassar em propriedades de barreira. As características de bens cozidos duros e pão também são indicadas. Os termoplásticos usados em aplicações de contato com alimentos, assim como as características de permeabilidade dos filmes metalizados e planos, e das exigências de embalagem para biscoitos, também são examinados neste artigo.

71

Título: Measurement of barrier properties.

Autor: Teichmann, W.; Moosheimer, U.; Huber, K.; Rodler, N.

Fonte: Verpack.-Rundsch., v. 50, n. 5, 1999, p. 131-134.

Resumo: As propriedades de barreira ao oxigênio, ao vapor de água e ao aroma são fatores significativos na escolha dos materiais que compõem a embalagem dos alimentos. A permeação é a rota principal da migração por meio dos polímeros. Os materiais inorgânicos são praticamente impermeáveis, exceto em áreas defeituosas. Os métodos de medição da permeação para filme, folha, papel, placa e materiais laminados, com base na pressão de gás ou em diferenciais de pressões parciais, também são descritos neste texto, da mesma forma que a avaliação estatística da permeação do gás por meio de filmes diferentes também é mostrada.

72

Título: Present state of barrier material films for packaging (part 2).

Autor: Tabata, Y.

Fonte: Pap. Film Foil Convertech Pac., v. 7, n. 1, jan. 1999, p. 41-45.

Resumo: Uma visão geral dos materiais de filmes de barreira para embalagem é apresentada. Os materiais incluídos são resina de poliacrilonitrila, resina de náilon, resina de náilon MXD6, resina de náilon amorfo (SELAR PA), toda resina de náilon aromática (Kepler), resina amorfa do copoliéster (PETG), folha de alumínio, filme metalizado de alumínio, filme metalizado transparente e PP.

73

Título: New metallized film-thinner and better.

Autor: Anon.

Fonte: Neue Verpack., v. 52, n. 1, jan. 1999, p. 54-55.

Resumo: Os novos filmes Walothen CM16 MHB da Wolff Walsrode (metalizado de barreira elevada) abrangem um filme laminado de PP biaxialmente orientado e metalizado de 16 µm para um filme impresso no verso de 15 µm. O novo filme é mais fino e fornece propriedades melhores de barreira de oxigênio e vapor de água que os laminados convencionais de 2 x 20 µm. Os filmes se caracterizam também pela aderência a quente realçada para melhorar a integridade do selo.

74

Título: New sterilizable and puncture resistant multilayer film.

Autor: Anon.

Fonte: Tara, v. 49, n. 594, mar. 1999, p. 50.

Resumo: O Combitherm TC abrange uma nova gama de filmes multicamada de PE e poliamida para embalagens de alto estiramento de alimentos. Os filmes caracterizam-se pela elevada resistência à perfuração e podem ser esterilizados em autoclave até 121 °C. Uma camada de barreira de EVOH pode ser incluída para produtos sensíveis ao oxigênio. Camadas de copolímero e ionômero do PE podem ser incluídas para fornecer resistência ao vapor de água e selabilidade.

75

Título: Patents.

Autor: Anon.

Fonte: Food Cosmet. Drug Packag., v. 22, n. 6, jun. 1999, p. 112.

Resumo: A Bayer tem se aplicado na patente DE19719807 por um material biodegradável para sacos de chá e café. R. Mendola tem se aplicado na patente francesa FR2763567 de um fecho para plásticos, papel ou sacos metalizados. Uma caixa que contém e que dispensa produtos secos, tais como ervas secas, é o tema de uma aplicação de patente (CH689210) pela Rothbury NV. A Robert Bosch GmbH se aplicou na patente alemã DE19721028 de uma válvula de alívio de gases para exalar o dióxido de carbono usado na embalagem de café em grãos. (Artigo curto.)

76

Título: Flexible packaging protects foodstuffs.

Autor: Anon.

Fonte: Food Cosmet. Drug Packag., v. 22, n. 6, jun. 1999, p. 110.

Resumo: A Saint-André Plastique, de St. André de l'Epine, França, tem dois produtos novos almejados pela indústria de alimentos. O primeiro é uma embalagem flexível para frutas e vegetais frescos. Uma atmosfera modificada é criada no interior da embalagem, controlando o acesso ao oxigênio, ao dióxido de carbono e ao vapor de água. Isso mantém o frescor do produto e estende a vida de prateleira. Fornecido como um rolo, o filme do qual a embalagem é feita pode entrar em contato direto, com segurança, com os gêneros alimentícios, além de também ser reciclável. A empresa lançou filmes e sacos para embalagens de frutas e vegetais, produtos de padaria, biscoitos, carnes em conserva, alimentos rápidos e sanduíches. São produzidos a partir de PP microperfurados a quente. As especificações são dadas ao longo do artigo. (Artigo curto.)

77

Título: Liquid milk filling and packaging.

Autor: Gander, P.

Fonte: Milk Ind., v. 101, n. 5, maio 1999, p. 6, 8.

Resumo: A indústria de leite líquido, após a consolidação dos laticínios e da aquisição dos maiores varejistas britânicos da maior parte do mercado, é aqui examinada. Existe ainda um espaço para adicionar produtos de valor que oferecem margens mais elevadas, e os principais nomes de laticínios podem permitir que os sites individuais desenvolvam tais produtos, atendendo à demanda ao lado dos produtos tipo *commodity*. A Tetra Pak vê um paralelo para a surpresa das padarias que, junto aos supermercados, estão vendendo pães de especialidade com preços mais elevados. Como a escala da empresa de sistemas de enchimento e caixa está sendo usada em lançamentos de produtos, ela é revisada com os sistemas da Rexam e da Elopak. A única abertura de ação para um uso mais simples na linha, com as diretrizes do Institute of Grocery Distribution, é exatamente da Elopak. A vida de prateleira prolongada e a embalagem de atmosfera modificada são exemplos de como a produção está se tornando mais eficiente.

78

Título: Custom-tailored MAP packages optimize shelf-life for range of produce.

Autor: Moore, S.

Fonte: Mod. Plast. Int., v. 29, n. 1, jan. 1999, p. 36.

Resumo: A Convex Plastics Ltd., fornecedora da Nova Zelândia e projetista da embalagem de atmosfera modificada (MAP) para produtos de exportação, oferece pacotes MAP ajustados à demanda para frutas e vegetais. A empresa toma amostras da produção do cliente e as testa quanto à respiração e aos efeitos fisiológicos do choque de temperatura e umidade. Esses dados alimentam um modelo de computador que é usado para projetar soluções de filmes precisamente ajustados, respiráveis. A empresa também está investigando inseticidas incorporados aos filmes que matarão insetos durante o trânsito, eliminando a necessidade de pulverização do produto.

79

Título: Developments in modified gas atmosphere packaging.

Autor: Anon.

Fonte: Food Packer Int., v. 14, n. 5, maio 1999, p. 29-30, 32.

Resumo: Conseguindo a atmosfera correta do gás em uma embalagem com a seleção correta deste, o material e a técnica de embalagem podem estender a vida de prateleira de um produto. Uma seleção das empresas e seus produtos, disponíveis atualmente para dar suporte a essa técnica, são apresentados ao longo deste artigo. Os citados produtos incluem o dióxido de carbono e o argônio dos gases BOC, além de filmes multifunções, tais como o Clico, da Linpac Plastics Ltd., desenvolvido pela sua subsidiária francesa Linpac Plastics Pontivy; sistemas de bolsas de barreira elevada da CVP Systems; equipamentos de selagem hermética da Ilapak Ltd.; sistema de embalagem de atmosfera modificada fornecido pela Dynopack Ltd.; uma nova técnica de descarga do gás da Packaging Automation Ltd., e um novo analisador de gás da Servomex International.

80

Título: Packaging innovations bring farm freshness to the food market.

Autor: Martin, K.

Fonte: Food Eng. Int., v. 24, n. 1, fev. 1999, p. 41-44, 46.

Resumo: As refeições prontas e os alimentos congelados em embalagens de atmosfera modificada (MAP) são exigidos cada vez mais pelos consumidores em substituição aos alimentos estáveis congelados e em temperatura ambiente. A demanda dos supermercados resultou no uso de MAP para embalagens de carne fresca. As margens realçadas do varejo perseguem a vida mais longa de prateleira e os avanços de produção. Embora as misturas de gás sejam selecionadas para produtos específicos, a maioria das aplicações inclui dióxido de carbono, oxigênio e nitrogênio. Outros gases permitidos são argônio, hélio, óxido nitroso e dióxido de enxofre. A indústria europeia usa pontos de controle críticos de análise de perigo (HACCP) para assegurar a segurança do alimento. Os filmes customizados, tais como o *shrink* BDF750 da Cryovac, nos Estados Unidos, e o Oxyshield da AlliedSignal, ajudam a manter as condições ideais. A Packaging Automation produz máquinas para embalagem de saladas frescas com 100% de oxigênio, porque o oxigênio inibe a descoloração enzimática, o crescimento microbial e impede a fermentação anaeróbica.

81

Título: Tailormade for tomorrow's market.

Autor: Watkins, S.

Fonte: Text. Asia, v. 30, n. 7, jul. 1999, p. 43-45.

Resumo: Tencel (da Acordis) e combinações de lãs produzem o luxo da fibra natural com a praticidade da fibra sintética, além de trazerem consideráveis benefícios ambientais. Os atributos do Tencel são listados e uma larga gama de aplicações é notada. O Tencel A100 é uma nova versão sem fibrilação, apropriada para roupas de tricô e para o mercado de tecidos tipo jérsei, tendo suas características distintas de desempenho especificadas neste artigo. A ampla descrição segue em resultados do Tencel quando misturado a lãs ou tecidos tradicionais de lã. Todos os departamentos de desenvolvimento, pesquisa e tecnologia estão estendendo as aplicações de Tencel e de Tencel A100. As considerações acerca de tingimento e acabamento são cobertas pelo texto, e 150 blendas de madeira/Tencel já foram apresentadas para certificação e marcação Tencel. Um resumo das propriedades e vantagens do Tencel conclui com detalhes os programas de desenvolvimento comerciais atualmente em andamento.

82

Título: Temperature switchable membranes for creating and maintaining beneficial package atmospheres for fresh produce.

Autor: Clarke, R.

Fonte: 1000 Polymers, laminations and coatings conference, Atlanta, GA, USA, 22-26, ago. 1999, v. 2, p. 663-669.

Resumo: A tecnologia da membrana Intellipac pode ser usada para criar níveis específicos de dióxido de carbono e oxigênio em atmosferas de pacote para o produto fresco. A membrana é produzida por revestimento de uma substância porosa com um polímero de qualidade cristalizável de cadeia conjugada (SCC), podendo ser usada para fornecer a maioria ou todas as exigências do produto, tornando-o apropriado para uso com materiais de embalagem impermeável ou para embalar quantidades muito grandes de um determinado produto. A membrana pode manter a melhor atmosfera, dentro de limites uniformes, com mudanças na temperatura. Tem também potencial em outras aplicações, nas quais uma concentração de gás é necessária abaixo de uma temperatura, apesar de ser exalada acima dessa mesma temperatura.

83

Título: Mapping out fresh deal.

Autor: Pidgeon, R.

Fonte: Packag. Week, v. 12, n. 12, 1-8, ago. 1996, p. 9.

Resumo: Printpack e Landec Corp., ambas dos Estados Unidos, obtiveram acordos para desenvolver processos usando as membranas superpermeáveis Intellipac da Landec para

94

estudo de **embalagens para o varejo**

a produção de embalagens respiráveis, com foco no mercado de corte fresco, bem como a especialização de filmes e impressões da Printpack. O alvo é expandir o mercado de embalagem flexível para incluir transpiração elevada em frutas e vegetais. Sua vida de prateleira pode ser estendida usando a embalagem de atmosfera modificada Intellipac com o polímero Intelimer da Landec, que muda a permeabilidade em resposta à temperatura. A Landec já tem um acordo com a Fresh Express: as duas empresas introduzirão em conjunto, nos mercados das Américas do Norte, Central e do Sul, pacotes de filme de membrana. A WR Grace está para adquirir a Cypress Packaging dos Estados Unidos, fabricante de embalagem flexível para produtos de corte fresco. (Artigo curto.)

84

Título: Film changes permeability with temperature.

Autor: Anon.

Fonte: Packag. (US), v. 39, n. 2, fev. 1994, p. 14.

Resumo: Filme permeável de gás Interlimer da norte-americana Landec Corp. recebeu a aprovação de patente. Apesar de ainda não estar comercialmente disponível, está sendo testado por diversos usuários finais. A permeabilidade a gás varia de acordo com a temperatura, de modo que a relação entre dióxido de carbono e oxigênio mude de 3:1 para 9:1, enquanto a temperatura exterior aumenta. Isso faz desse filme um produto apropriado para vegetais. (Artigo curto.)

85

Título: Newly acquired company.

Autor: Anon.

Fonte: Am. Ink Maker, v. 75, n. 6, jun. 1997, p. 10.

Resumo: A Dock Resins Corp., fabricante dos produtos da marca Doresco, foi adquirida pela Landec Corp. de Menlo Park, Califórnia. A aquisição ajudará a Landec a apressar-se no desenvolvimento comercial de seus produtos de polímero de temperaturas ativadas.

86

Título: PrintPack, Landec enter fresh-cut produce packaging market.

Autor: Anon.

Fonte: Pap. Film Foil Converter, v. 70, n. 10, out. 1996, p. 73.

Resumo: A PrintPack Inc. e a Landec Corp., ambas dos Estados Unidos, têm formado uma aliança para desenvolver novos processos e aplicações das membranas superpermeáveis Intellipac da Landec para o mercado de produtos frescos de corte. A PrintPack fornecerá o processamento do filme plástico e as potencialidades de impressão, enquanto a Landec fornecerá a tecnologia de embalagem de atmosfera modificada para desenvolver novas aplicações em embalagens flexíveis. Essas embalagens incluem pacotes, frutas e vegetais de respiração elevada. O polímero Interlimer, na membrana, muda sua permeabilidade em resposta à temperatura da sala, podendo compensar as taxas aumentadas de respiração em altas temperaturas. (Artigo curto.)

87

Título: Produce pack cuts wastage.

Autor: Anon.

Fonte: Packag. Innovation, v. 3, n. 9, jun. 1999, p. 3.

Resumo: O Freshpac é uma embalagem recente para produtos frescos, tais como frutas e vegetais. Foi desenvolvido pela alemã Omni Pac Ekco, subsidiária da Tenneco Packaging Europe. O Freshpac tem bandejas moldadas de polpa, seladas com um filme que compreende uma gama de propriedades, incluindo antichama e perfurações. Os testes mostraram que a vida de prateleira dos tomates, por exemplo, pode ser aumentada em cinco dias, e que os danos aos morangos são diminuídos significativamente quando a fruta é acondicionada nesses pacotes, em comparação com os pacotes impermeáveis convencionais. Atmos-Fresh são as novas bandejas que devem ser compostadas ou recicladas. (Artigo curto.)

88

Título: Measured move from dispenser.

Autor: Anon.

Fonte: Packag. Mag, v. 2, n. 9, 6 maio 1999, p. 6.

Resumo: O novo recipiente de PEAD copolímero Tip 'n' Measure da Plysu Containers é esperado para ser usado em muitos produtos químicos, tais como exterminadores de ervas daninhas e fertilizante de jardim. Os projetos resistentes a crianças e recicláveis são declarados seguros e de fácil uso. Além disso, o fabricante afirma que o produto flui facilmente do recipiente. Os compartimentos simples e multidose permitem a medição da dose enquanto o recipiente é fechado. (Artigo curto.)

89

Título: DuPont and Soplaril for an easy opening.

Autor: Anon.

Fonte: RIA, n. 587, jan. 1999, p. 63.

Resumo: A DuPont e a Soplaril desenvolveram um novo tipo de abridor robusto de pacote, o Easy Up, que usa um filme multirrevestido e retrátil feito de uma combinação de politeno e Surlyn. O Easy Up é usado em vários tipos de embalagem, que variam de frascos a saquinhos, por empresas como Perrier e Contrex. Uma pesquisa empreendida pela Ifop, com uma base de amostra de mil pessoas, descobriu que 72% têm dificuldade de abrir uma embalagem, e que 47% dos produtos comprados estão usando Easy Up. Esse recurso reduz os danos que podem ser causados ao produto quando a embalagem está aberta.

90

Título: Single-serve breakthrough.

Autor: Anon.

Fonte: Packag. Mag, v. 2, n. 7, 8 abr. 1999, p. 35.

Resumo: A empresa italiana Corazza desenvolveu um sistema de *thermoform-fill-seal* de volume elevado disponível no Reino Unido pela Goddard e Harvey, de Alton. O FK1/A pode produzir pacotes em praticamente qualquer forma, contorno e decoração impressa na velocidade de até 25 ciclos/min. Pode produzir pacotes na forma de selos destacáveis e com bocas de pressão de lado. A impressão de duas faces também é possível, bem como o registro fotoelétrico. A máquina pode fechar 300 pacotes/min: duas fileiras de pacotes de 6 x 20 g, 60 mm de altura, 55 mm de largura e 25 mm de profundidade. Folhas destacáveis podem ser empregadas, permitindo que o produto enchido a quente seja apresentado em pacotes de tampas basculantes. Os líquidos e cremes podem ser acomodados sob selos entalhados permanentes. Os filmes de barreira e as opções de descarga do gás são possíveis em ambos os casos. (Artigo curto.)

91

Título: Zipped up and ready to go.

Autor: Anon.

Fonte: Inside Food Drink, dez. 1998/jan. 1999, p. 14.

Resumo: O novo pacote de zíper da Inno-blok permite a produção de um material flexível com um zíper pré-aplicado. Esse material é apropriado ao uso na maioria dos equipamentos de forma a preencher as selas vertical e horizontal, e tem a vantagem de não se movimentar para a área selada do pacote. O FFP Packaging Solutions, único convertedor de material no mercado britânico, começará sua distribuição em janeiro de 1999. A embalagem é apropriada para uso com balas, alimentos congelados, aves domésticas, peixes e cereais. Um sistema alternativo de refechamento, usando sacos Keyseal e embalagem Joker da Supreme Plastics, também é discutido neste artigo. (Artigo curto.)

92

Título: Finding a child-resistant reclosure that is truly senior friendly.

Autor: Allen, D.

Fonte: Pharm. Med. Packag. News, v. 7, n. 1, jan. 1999, p. 30, 32-35.

Resumo: As percepções de facilidade de abertura de fechamentos resistentes a crianças são improváveis de terem melhorado para o consumidor idoso, desde que o protocolo de testes da Consumer Product Safety Commission (CPSC) surgiu com força total em 1997. As empresas farmacêuticas dizem temer novos fechamentos, caso estes alienem os usuários, e os empacotadores afirmam não estar dispostos a pagar mais por projetos inovadores. Os novos desenvolvimentos estão em evidência, entretanto. O protocolo de testes da CPSC, projetado para determinar níveis de resistência a crianças e facilidade de abertura para o cidadão sênior, é destacado no texto, bem como as maneiras pelas quais as empresas que desenvolvem novos CRCs estão lidando com o protocolo. Os projetos, do tipo "empurre e gire", são familiares ao público. E os projetos complexos que ocasionam confusão nas crianças são caros. O projeto de uma peça tipo "aperte e gire" passa pelo desafio da selagem eficaz. Uma ferramenta facilita a abertura por pessoas idosas e não é prontamente usável pelas crianças. Em um novo projeto, um pacote *blister* flexível foi combinado com um dispositivo plástico rígido.

93

Título: Development of food bags with steam openings for the microwave oven.

Autor: Kinugawa, M.

Fonte: JPI J., v. 37, n. 2, 1999, p. 25-29.

Resumo: O desenvolvimento de sacos de alimento projetados especificamente para alimentos empacotados cozidos em forno de micro-ondas, sem que seja necessário abrir o selo, é descrito neste artigo. Os sacos têm aberturas de vapor de dois tipos: de furo e de fita adesiva. O primeiro tem os furos finos para que o vapor escape, sendo cobertos pelo filme fino de LLD, enquanto o último tem uma área de selagem feita de uma fita especial adesiva que permite a passagem do vapor. Os sacos foram testados em fornos de micro-ondas e são apropriados para o acondicionamento de peixes cozidos, shaomai, bolinhos, e outros alimentos gelados ou congelados.

94

Título: Internal thread opens up new opportunities.

Autor: Ayshford, H.

Fonte: Packag. Mag, v. 2, n. 8, 22 abr. 1999, p. 5.

Resumo: A lata PET de uma peça com tampa de alavanca do PCC Group está sendo explorada para embalagens de pinturas à base de óleo e de aplicações com alimentos. À RPC foram concedidas licenças da Irlanda e do Reino Unido para o processo patenteado, que permite a moldagem por injeção, estiramento e sopro de grandes rebaixos. O RPC produzirá recipientes em máquinas AOKI em sua fábrica em Blackburn. A habilidade de produzir roscas internas mais baratas traz uma gama de possibilidades como uma abertura em forma de boca. Afirma-se que o processo fornece redução de peso em 1 g. A companhia produziu um frasco de boca larga de 500 ml com uma tampa de gargalo rosqueada de 38 mm, e um frasco farmacêutico redondo de 400 ml em Boston, cidade na qual há planos para desenvolver uma versão de 1,5 litro. O interesse por esse produto foi mostrado entre corporações líderes norte-americanas e europeias.

95

Título: Twin chamber aluminium aerosol has new spheres of application.

Autor: Anon.

Fonte: Seifen Ole Fette Wachse, v. 111, n. 4, 6 mar. 1985, p. 102.

Resumo: Os aerossóis de alumínio, de câmara dupla, recentemente produzidos por W. German Lechner GmbH, asseguram uma barreira total entre o produto e o propulsor, e compreendem um escudo exterior sem emenda, resistente à pressão, feito de alumínio puro com a opção de um dos três recipientes internos (isto é, bolsas de PE, bolsas de folha de alumínio ou bolsas plásticas injetadas, à base de PVC). Tais recipientes pressurizados podem agora ser usados para pastas de dente, resfriadores de ar, tinturas de cabelo, líquido próprio para a limpeza de lentes de contato, e muitas outras novas aplicações. Os componentes para sabonete e xampu nos novos aerossóis são listados ao longo deste texto.

96

Título: A presentation of the twin chamber aerosol pack from Estampaciones Metalicas Manlleu SA.

Autor: Anon.

Fonte: IDE, v. 24, n. 293, abr. 1984, p. 48.

Resumo: A Spanish Estampaciones Metalicas Manlleu SA começou recentemente a introduzir no mercado seu novo aerossol de câmara dupla, cuja característica básica de diferenciação é a separação do produto do propulsor, que pode ser um gás pressurizado ou um líquido que circule em torno de uma câmara interna, dentro do aerossol contendo o produto. O produto é forçado para fora quando o bocal é comprimido, tendo como resultado a compressão do propulsor que, por sua vez, causa a pressão a ser aplicada em cima da câmara plástica que contém o produto. Esse aerossol possui dois tipos de câmara dupla e uma capacidade de 180 ml chamada Duplex, além de uma versão da câmara de alumínio chamada Aluduplex, com uma capacidade de 60 ml.

97
Título: Barrier pressure packs.

Autor: Anon.

Fonte: Manuf. Chem., v. 154, n. 9, set. 1983, p. 56-57, 61.

Resumo: Algumas das principais alternativas disponíveis na área de pacotes de pressão de barreira (ou aerossóis de compartimento duplo) são descritas neste artigo: os dois sistemas produzidos pela empresa alemã Lechner; os pacotes Micro-Compack e Compack produzidos pela Aerosol Service da Suíça; o sistema Presspack que caracteriza uma bolsa interna de PE e é utilizado no Reino Unido pela Osmond Aerosols; o sistema Sepro desenvolvido nos Estados Unidos pela Continental Can; pacotes de pistão de PE, e distribuidores chamados de não pressurizados. As vantagens de usar um pacote de pressão de barreira são esboçadas ao longo do texto.

98
Título: Cellmates liberate success.

Autor: Rankin, S.

Fonte: Plast. Rubber Wkly, n. 1790, 11 jun. 1999, p. 8.

Resumo: A gerência e a produção em células na Algroup Wheaton Fibrenyle (AWF), do Reino Unido, são examinadas neste artigo. A AWF, empresa de *turnover* de £65m com fábricas em Sutton-in-Ashfield, Nottinghamshire, e em Beccles, Norfolk, fornece embalagens confeccionadas com plásticos rígidos para empresas de todo o mundo, como Reckitt e Colman, Britvic, Gillette e Whitbread. A AWF processa 50% de PVC, 40% de PEAD e 10% de PET. As células entre duas e dez pessoas são normalmente otimizadas ao redor de cinco e controladas por um único líder, mas a supervisão é abandonada. Uma célula de Reckitt e Colman foi estabelecida para fornecer 32 m de frascos de desinfetante/ano, 40% de seu mercado doméstico, e essa foi a principal razão para a escolha da AWF como única fornecedora. A produção celular é creditada com direção para a concepção de Petasol, o aerossol PET, que é mais morno para tocar que o alumínio, e que pode ser fabricado em formas que refletem seu conteúdo. O pacote pode suportar uma pressão interna de até 8,8 bars e oferece boas propriedades de barreira ao oxigênio.

99
Título: Focus on containers and closures for cosmetics.

Autor: Anon.

Fonte: CHP Packer Int., v. 6, n. 1, jan./fev. 1999, p. 27-29.

Resumo: Uma revisão de recipientes e de fechamentos de cosméticos é apresentada neste texto. Provavelmente, o fator mais importante é a compatibilidade entre o produto e o material do recipiente, porque reações químicas adversas podem degradar a cor e as propriedades mecânicas da resina. O PETG está entre as mais populares resinas para embalagem de cosméticos. Ele é transparente como vidro e ideal para produtos como batons e hidratantes. Um frasco de PETG é manufaturado pela Tech Industries nas versões em 5 ml, 7 ml e 15 ml, mesmas versões que os cosméticos da Avon estão usando para lançar seus produtos Barbie. A Surlyn da DuPont foi escolhida pelo moldador por injeção francês da Société Alsacienne de Fabrication para moldar uma tampa de brilho elevado, octogonal, de 96 mm de largura, para o Trésor da Lancôme. Uma nova escala de tampas de aletas altas, para complementar sua gama de padrão de frascos, foi introduzida pelo Plysu Personal Care, nos tamanhos 24/410, 24/415, 28/410 e 28/415.

100

Título: PET packaging for carbonated beverages.

Autor: Anon.

Fonte: Verpack. Berat., n. 1, 1999, p. 14-17.

Resumo: A introdução do frasco PET multiviagem de 1,5 litro em 1990 foi a mais bem-sucedida embalagem de inovação da fábrica alemã da Coca-Cola. Em 1997, mais de 57% de seus produtos foram embalados em frascos PET com uma vida média de 25 viagens. A redução dos níveis de migração do acetaldeído para abaixo de 10 mg/litro da água a conduziu a adotar os frascos PET para a água mineral. Frascos de cerveja PET pigmentado âmbar, exibindo uma camada de barreira de EVOH, foram lançados em 1996. Espera-se que os frascos PET absorvam entre 10% e 20% do mercado de bebidas. Diversos processos de reciclagem comercial estão disponíveis no momento.

101

Título: Cryo-PET crystallizes.

Autor: Lingle, R.

Fonte: Packag. Dig., v. 36, n. 1, jan. 1999, p. 66, 68, 70.

Resumo: A moldagem criogênica a sopro de PET, desenvolvida e registrada pela Plastics Solutions, do Texas, é descrita neste texto. As propriedades de barreira ao oxigênio e a resistência às temperaturas são melhoradas. A cristalinidade é aumentada, enquanto a rigidez e a integridade estrutural significam que os recipientes do cryo-PET também são mais leves. Eles podem ser enchidos a quente até 212 °F ou suportar pasteurização a 173 °F por 26 minutos; contudo, exibem encolhimento mínimo. A proteção UV melhorada e o conteúdo reduzido do acetaldeído também são reivindicados. O processo está sendo usado pela Schepps Dairy, de Dallas, com três máquinas modificadas de moldagem a sopro-estiramento de reaquecimento, modelo RSB, da Electra Form Inc., que fornece 1, 2 e 3 cavidades de saída e 4 cavidades RSB-4, que podem competir com os recipientes de diâmetro de gargalo de 18-43 mm, mas que também podem aceitar até 72 mm com uma mudança das peças. O nitrogênio deve estar em estado líquido ou gasoso, estados estes específicos, para ter o efeito requerido no polímero. A BOC ajudou com o desenvolvimento do sistema de fornecimento do nitrogênio.

estudo de **embalagens para o varejo**

102

Título: Flexible machines for the new generation of PET containers.

Autor: Weissenfels, C.

Fonte: Verpack. Berat. Exhibition Issue Interpack 99, maio 1999, p. 52-54.

Resumo: O desenvolvimento do maquinário de engarrafamento em linha de seção seca, em resposta ao uso crescente de frascos PET no mercado mundial, é examinado aqui. Muitos projetos diferentes de frasco existem e há uma tendência atual para projetos individuais de recipiente. A indústria está considerando cada vez mais o uso de frascos plásticos. Existem hoje três sistemas para processar frascos PET: sistema clássico do frasco descartável, sistema retornável e sistema suíço. Os conceitos clássicos da máquina podem não ser usados por muito mais tempo como uma base geral, em razão do número de recipientes diferentes e das mudanças constantes nas exigências de mercado. O processo e o maquinário disponível para a embalagem de recipientes plásticos diferentes são descritos ao longo do texto.

103

Título: PET breaks into beer market.

Autor: Loubser, G.

Fonte: Packag. Rev. (S. Afr.), v. 25, n. 3, mar. 1999, p. 15, 17.

Resumo: As tendências atuais no engarrafamento de cerveja em frascos PET são discutidas neste texto. Miller Brewing, dos Estados Unidos, e Bass Breweries, do Reino Unido, estão usando recipientes PET com uma vida de prateleira comparável aos frascos de vidro de cerveja engarrafada. A Bass está experimentando uma versão melhorada de seu frasco de barreira EVOH de 1997, enquanto a Miller está incumbida de encher frascos de cinco camadas, incorporando duas camadas absorvedoras de oxigênio fornecidas pela norte-americana Continental PET Technologies. Os frascos de 1 litro e de 20 oz recicláveis e inquebráveis são ajustados com fechamentos de alumínio em parafuso de boca larga de 39 mm – e completados com os forros absorvedores de oxigênio de cinco camadas. Carlton e United, da Austrália, usam frascos de 400 ml da Containers Packaging pulverizados com o revestimento de barreira amino-epóxi de Bairocade 32020. Em uma *joint venture*, a Brasseries Heineken e a Continental PET Technologies lançaram um novo frasco PET de cinco camadas, com boas propriedades de barreira de gás e que fornece uma vida de prateleira de seis meses para a cerveja.

104

Título: Anheuser halts test of plastic bottles as an alternative way to package beer.

Autor: Balu, R.

Fonte: Wall St. J., v. XVII, n. 56, 22 abr. 1999, p. 4.

Resumo: A Anheuser-Busch, a maior empresa de cerveja nos Estados Unidos, parou seus testes de frasco plástico de cerveja depois de apenas um mês. A empresa e muitos operadores dos pontos-de-venda esperavam que o frasco aumentasse as vendas da cerveja em regiões mais mornas da América. A Philip Morris começou um teste de seu frasco plástico em três mercados em novembro de 1998. Esse frasco está agora em seis mercados diferentes nos Estados Unidos, no sul e no sudoeste, e se expandiu para alguns estádios da Major League Baseball. Ambas empresas começaram os testes oferecendo aos consumidores um pacote mais leve e conveniente, pois podia ser levado para praias e outras áreas onde vidro não é permitido. As latas têm perdido no mercado de cerveja desde 1993 e, para 2003, espera-se que o mercado de vidro torne-se igual ao das latas. (Artigo curto.)

105

Título: Long or short road for beer in PET?

Autor: Sauermann, N.

Fonte: Verpack.-Rundsch., v. 50, n. 2, 1999, p. 10, 12.

Resumo: A introdução de frascos PET para cerveja aumentaria a demanda por granulados em 2%. Entre 10% e 15% do mercado para 2005 representaria 30 bilhões de frascos de 0,5 litro em um mercado total de 300 bilhões. Os fornecedores globais de pré-forma do PET incluem: Schmalbach-Lubeca, PLM Plastics, Altoplast-Claropac e Pechiney. Os frascos PET retêm 80% do índice de dióxido de carbono original da cerveja por mais de 20 semanas. O índice de oxigênio na cerveja não deve exceder 0,35 mg/litro. As tampas rosqueadas são as preferidas para os fechamentos de topo de cortiça para frascos PET de cerveja.

106

Título: Plastic beer bottles are no longer just a dream.

Autor: Knights, M.

Fonte: Plast. Technol., v. 45, n. 4, abr. 1999, p. 39-41.

Resumo: Com a comercialização bem-sucedida dos frascos plásticos de cerveja pela Carlton e United Breweries na Austrália, e pela Bass Brewers no Reino Unido, é esperada uma série de lançamentos de frascos plásticos na indústria dos Estados Unidos, onde ao menos nove programas de desenvolvimento estão em andamento. O mercado global de cerveja está em 300 bilhões de unidades/ano, embaladas atualmente em vidro e alumínio. O plástico é visto como uma terceira opção, entretanto, não como uma recolocação. O sucesso antecipado dos frascos plásticos de cerveja foi conseguido por questões de segurança, como seu uso em eventos esportivos e concertos musicais. Os devidos custos e desempenho estão ainda sendo superados. Os frascos plásticos para consumo em estádios, com um nível de permeação de oxigênio de não mais que 1 ppm em 120 dias e uma perda máxima de carbonação, estão próximos dos presentes nas embalagens de vidro. Temperaturas de pasteurização tão elevadas, como 172 °F, podem apresentar um desafio. A American Plastics Council, a Association of Postconsumer Plastic Recyclers e a National Association for Plastic Container Recovery juntaram forças para dirigir os interesses de reciclagem.

107

Título: Plastic bottles.

Autor: Sauermann, N.

Fonte: Verpack.-Rundsch., v. 50, n. 2, 1999, p. 8-9.

Resumo: O desenvolvimento de uma gama de frascos PET para bebidas da suíça Altoplast-Claropac é revisto neste artigo. Os frascos de multicamadas incluem as camadas de barreira de poliamida, reduzindo em 4% a 10% a espessura total do frasco, dependendo da exigência do produto. Uma camada de barreira de 5% fornece uma vida de prateleira maior que 20 semanas para bebidas carbonatadas nos frascos de 50 ml. O PET/PEN de barreira elevada e frascos puros de PEN são considerados caros para as condições de mercado atuais. Os frascos de multiúso utilizados podem ser rasgados e incorporados como camadas recicladas a novos frascos.

108

Título: High-flow PPs dictate changes in tools.

Autor: Anon.

Fonte: Mod. Plast. Int., v. 29, n. 5, maio 1999, p. 106.

Resumo: O desenvolvimento de resinas de PP metaloceno clarificadas e nucleadas, de maior fluidez e de desempenho mais elevado, está desafiando os produtores de Stack-Mould. Embora essas resinas ofereçam benefícios como uma rigidez elevada, resistência à compressão e transparência, além de características de processamento radicalmente diferentes, requerem também novos projetos de ferramentas, mais precisos, a fim de fornecer o benefício completo. Entretanto, grades de fluxo elevado fazem o Stack-Mould de até quatro níveis mais fácil de produzir. Quando um grade de PP metaloceno da Targor foi usado para substituir o PS de alto impacto em mercadorias de parede fina de laboratório, novas ferramentas foram requeridas. O uso de sistema mais avançado de canal quente é recomendado, como o é o de serviços de testar, no qual se ensaiam novos materiais em ferramentas complexas antes de levá-las à produção total.

109

Título: Less favourable outlook for biodegradable packaging.

Autor: Nentwig, J.

Fonte: Pack Rep., v. 32, n. 5, maio 1999, p. 126, 128.

Resumo: A francesa Danone conduziu experimentações extensivas de mercado com os potes de iogurte à base de poli(ácido lático). Tais experiências foram malsucedidas, de acordo com o simpósio South German Plastic Centre. As razões para tal falha não são claras. Apesar do prejuízo, a Cargill-Dow está planejando uma instalação de produção de 150 mil toneladas/ano para 2004, com os níveis de preço que se deixam cair dos atuais US$ 3 para US$ 0,50–$ 0,75. Os revestimentos biodegradáveis para papel fornecem a resistência ao vapor de água e à água sem afetar a degradabilidade. Diversas autoridades locais alemãs não consideram os polímeros biodegradáveis apropriados para o uso em sacos de lixo.

110

Título: Putting the spin on pack design.

Autor: Anon.

Fonte: Soft Drinks Int., maio 1999, p. 10.

Resumo: A Del Monte, nos Estados Unidos, anunciou o lançamento de seus novos sucos prêmio de pura fruta no primeiro uso da caixa Square SpinCap da Tetra Pak, acompanhado por um pacote triplo usando um SpinCap "F" Bonnet, também da Tetra Pak, desenvolvido especialmente pela Field Packaging e pela Tetra Pak. A maneira como essa empresa trabalha é explicada neste artigo. A Tetra Pak declara que o projeto do pacote foi testado e verificado para desempenho em pacote asséptico e na permeabilidade do oxigênio. Ele é preenchido e formado em uma máquina de enchimento TBA/8 padrão, com uma capacidade de 5.500 pacotes por hora. Como uma etiqueta de puxar não é requerida, reduzem-se, assim, as operações dentro da máquina de enchimento. A Tetra Pak tem também uma caixa, não divulgada, de 250 ml: a Tetra Prisma Aseptic, com o mesmo peso e bordas esculpidas da Tetra Prisma de 330 ml. A nova caixa Tetra Brik Aseptic 200 Mid é menor, e por isso espera-se que seja aprovada pelos pais como opção para as lancheiras escolares.

111

Título: Film alternative.

Autor: Anon.

Fonte: Packag. Mag, v. 2, n. 12, 17 jun. 1999, p. 15.

Resumo: A Sudpack, da França, introduziu a gama Ecoterm de filmes rígidos de PP como uma alternativa ao PET amorfo, ao PVC e aos filmes de PS. São apropriados para uso em todas as máquinas de termoformagem e formagem comerciais e têm bom brilho, transparência e formabilidade. O filme Ecoterm de PP é de 30% a 35% mais leve que os filmes rígidos e semirrígidos transparentes convencionais. Os PP estão disponíveis junto ao PE e ao EVOH, tornando a Ecoterm apropriada para a embalagem de atmosfera modificada da carne fresca, aves domésticas, peixes, massas, salsichas, queijo e alimentos de conveniência. Os filmes são apropriados para micro-ondas, pasteurização e esterilização. (Artigo curto.)

112

Título: Putting the knife in.

Autor: King, D.

Fonte: Packag. Today, v. 21, n. 1, jan. 1999, p. 24-25, 27.

Resumo: As inovações no campo das embalagens visaram ajudar cidadãos idosos a ter segurança no manuseio de produtos. Estima-se que um senhor de 70 anos de idade é tão fraco quanto um garoto de 10 anos, e que esse problema combina-se à artrite que afeta oito milhões de consumidores britânicos. O painel de milhares de idosos, estabelecido pelo Applied Gerontology Centre, da Birmingham University, testa regularmente vários tipos de embalagens por meio de uma rede, de âmbito nacional, composta por 50 ou mais voluntários. As caixas de sucos de fruta e de leite são criticadas pelo painel. A Tetra Pak tem desenvolvido alternativas fáceis de abrir, entre elas, a Tetra Top ScrewCap, que promete derramar mais fácil o conteúdo do pacote. O Top ScrewCap é utilizado para uma produção de escala total na Fage Dairy, da Grécia. Para pessoas acima de 65 anos de idade, estima-se o consumo de mais de 50% dos remédios da Europa. Os fechamentos resistentes às crianças (CRCs) colocam mais problemas para os idosos. A United Closures and Plastics produz o único fechamento resistente a crianças capaz de receber a Owl Mark, assinatura de aprovação do Birmingham Centre for Applied Gerontology. A Byron Mediplastics, a Courtaulds Packaging Plastics e a Neville and More são outras empresas ativas em desenvolver CRCs que as pessoas mais velhas possam abrir.

104

estudo de **embalagens para o varejo**

113

Título: Resealable screw-cap version of Tetra Top carton launched.

Autor: Anon.

Fonte: Food Cosmet. Drug Packag., v. 22, n. 2, fev. 1999, p. 30.

Resumo: Um topo de rolha descentralizado está sendo introduzido às caixas Tetra Top pela Tetra Pak Ltd., em Uxbridge, Reino Unido, como uma alternativa à tração existente no anel. O fato de derramar melhor e de possuir um fecho "abre e fecha" de mais fácil manuseio são reivindicados para o fechamento da embalagem. A abertura larga no detalhe permite uma ação de derramamento sem respingos, suave, constante. As novas caixas e fechamentos serão formados usando-se grânulos pré-impressos de papelão e polímeros, que serão enchidos com o auxílio de uma máquina de enchimento Tetra Top TT/3. (Artigo curto.)

114

Título: Oxygen scavengers could give a boost for US canned beer sale.

Autor: Anon.

Fonte: Canmaker, v. 12, jan. 1999, p. 9.

Resumo: Uma derivação dos mais atrasados desenvolvimentos de rolhas de topo em frascos são os sistemas absorvedores de oxigênio para impulsionar as vendas de cervejas enlatadas nos Estados Unidos. A recente introdução de frascos plásticos que requerem barreiras melhores de oxigênio visando minimizar a deterioração da cerveja tem acelerado o desenvolvimento de absorvedores de oxigênio. A Darex Container Products lançou seu produto OST para ajudar cervejarias a manterem o sabor e o frescor de suas bebidas enquanto elimina a necessidade de conservantes. O OST da Darex trabalha com a tradicional embalagem de barreira, que fornece um nível bem maior de proteção e minimiza, consequentemente, os efeitos adversos do oxigênio na cerveja. As vendas de cerveja enlatada em território norte-americano têm declinado em favor dos frascos, e os principais *experts* em embalagem sugeriram que um sistema absorvedor de oxigênio pode ser a solução para inverter tal tendência. A Valspar realizou uma pesquisa com revestimentos absorvedores de oxigênio para latas de cerveja e de alimentos. A Southcorp Packaging, da Austrália, também desenvolveu um material, o $Zero_2$, que tem latas de aplicações internas. (Artigo curto.)

115

Título: Rexam open for business at Mexican plant.

Autor: Renstrom, R.

Fonte: Packag. News, v. 10, n. 51, fev. 1999, p. 4.

Resumo: A Rexam Medical Packaging, sediada na Califórnia, abriu uma grande fábrica em Guadalajara, México, para servir ao mercado hospitalar desse país. A Rexam Medical Packaging mexicana complementará também sua base norte-americana de processamento. A empresa anunciou o lançamento de dois filmes de *thermoform-fill-seal* com base em filme coextrudado usando blendas de polímeros metalocenos de um único local. A Integra Form SP é voltada para a embalagem de artigos macios, como tapeçarias, vestidos, luvas e gases. A Integra Form SF destina-se à embalagem de artigos duros, tais como seringas. É anunciado também um produto incomum, tipo Core-Peel, em que as camadas do selo e da superfície são separadas em uma estrutura de três camadas que não requerem um revestimento de selo a calor. A camada do selo encaixa-se em uma base porosa de embalagem médica e quebra integralmente. (Artigo curto.)

116

Título: Pouch dispensing system debuts in Japan for haircare products.

Autor: Anon.

Fonte: Packag. Strategies, v. 17, n. 5, 15 mar. 1999, p. 3.

Resumo: A Innovative Packaging, localizada na Holanda, desenvolveu o clean-clic system (CCS), processo *airless* para selar ou preencher produtos líquidos, no qual a bolsa é preenchida por meio da sua adaptação após a selagem. A Genic Corporation, nos Estados Unidos, está usando o conceito CCS para sua gama Apithera de produtos de salão de beleza. Bolsas de filme à base de silicone de 500 ml, equipadas com a adaptação conectando ao CCS, estão sendo produzidas para a Genic pela Showa Marutsutsu Co. Ltd., do Japão, que tem direitos exclusivos de produção e marketing para o conceito CCS em solo japonês. Esse recurso está sendo oferecido como um sistema total no Japão, incluindo o projeto do pacote, materiais e equipamentos de enchimento especial. É apropriado para o uso em uma variedade de tipos e tamanhos de bolsas, assim como em sistemas de fechamento e distribuição diferente. O sistema propõe-se a reduzir o peso do pacote em até 50%.

117

Título: Biodegradation of poly(vinyl alcohol)-based blown films under different environmental conditions.

Autor: Chiellini, E.; Corti, A.; Solaro, R.

Fonte: Polym. Degradation Stab., v. 64, n. 2, 4 maio 1999, p. 305-312.

Resumo: Com interesse renovado em PVA para a produção de materiais plásticos ambientalmente amigáveis, esse estudo examinou a biodegradabilidade de filmes de embalagem soprados à base de PVA comercial, comparando-os com o PVA puro sob várias condições de teste. Compostagem, testes de degradação em solo e na água foram usados para monitorar as determinações respirométricas, equiparando a inócula microbiana com os compostos maduros, florestas, solos argilosos e lama da água de esgoto de instalações de tratamento de água da fábrica de papel com filmes de fluxo à base de PVA. Fortes interações simbióticas ou comensais entre os únicos componentes da cultura, misturadas à degradação do PVA, foram indicadas porque os únicos microrganismos de degradação de PVA não puderam ser isolados na cultura pura com alguns dos métodos usados. Os resultados destacaram a necessidade de definir a estrutura de tempo e as circunstâncias ambientais quando da avaliação da biodegradabilidade de produtos plásticos.

118

Título: Aliphatic polyketone fibres for industrial applications.

Autor: Kormelink, H. G.; Vlug, M.; Flood, J. D.

Fonte: Chem. Fibres Int., v. 49, n. 3, maio 1999, p. 208-210.

106

estudo de **embalagens para o varejo**

Resumo: A comercialização das policetonas alifáticas trouxe inovações para o mercado de termoplásticos de engenharia. Os fabricantes de produtos industriais, automotivos e de consumo responderam positivamente a esse novo material. Carrington, no Reino Unido, começou a primeira fábrica de Carilon do mundo em 1996, e uma fábrica adicional é destinada a iniciar na América em 1999. Policetonas também podem ser usadas como um material anisotrópico. As boas propriedades de tensão permitem ao polímero Carilon ser usado em uma larga variedade de aplicações. Esses polímeros também são resistentes à dissolução, à degradação e ao inchamento no contato com muitos produtos químicos. Existem oportunidades para o seu uso em filtros de combustível e de pano feitos de papel.

119

Título: LCP plus PET equals increased barrier property.

Autor: Anon.

Fonte: Packag. Innovation, v. 3, n. 6, mar. 1999, p. 5-6.

Resumo: Combinando-se polímeros de cristal líquido (LCPs) com PET forma-se um material monocamada com propriedades de barreira de duas a dez vezes melhor que o de PET puro. A empresa norte-americana Superex Polymers, que está desenvolvendo o material registrado, afirma que, embora ainda não combinadas comercialmente, as ligas participantes são ligas de materiais comerciais. Os frascos foram processados em uma máquina Aoki SB III-100H-15 de estiramento-sopro de uma só etapa. Espera-se que as taxas de processamento para a liga sejam tão rápidas quanto para PET puro. O estiramento biaxial deforma o conteúdo de LCP em regiões planas de sobreposição, as quais dão forma a um trajeto que seja difícil para o gás permear. Um índice de 30% de LCP produz uma melhoria nas propriedades de barreira em dez vezes. A ausência, de longe, de aprovações de contato do alimento por LCPs, significa que a Superex deve se concentrar, inicialmente, em estruturas de multiúso com uma superfície de intervenção PET. O aditivo deverá ter aplicações em embalagem para bebidas, como cerveja e sucos de fruta, molhos e temperos, bem como para fragrâncias, colorações e solventes.

120

Título: PET bottles at the starting gate.

Autor: Anon.

Fonte: Brauwelt, v. 139, n. 4, 28 jan. 1999, p. 132-134.

Resumo: A escolha do material de embalagem é determinada pelo preço do material, assim como pela reciclabilidade e impostos, de acordo com palestrantes em uma conferência recente sobre embalagem de poliéster. As propriedades de barreira, a reciclabilidade e a "reusabilidade" de PEN, cristal líquido, óxido de silício e outros revestimentos para frascos PET são comparadas neste artigo. O custo, a refechabilidade, a refilabilidade, a manipulação de resíduo e outros fatores são comparados com frascos de vidro, de plástico e latas. As taxas de transmissão do oxigênio e a vida de prateleira que forneceram diferentes construções de frascos multiúso e PEN são mostradas neste texto.

121

Título: Hanna to compound Questra.

Autor: Anon.

Fonte: Plast. Rubber Wkly, n. 1770, 22 jan. 1999, p. 5.

Resumo: A Dow licenciou a MA Hanna para trabalhar com seu novo polímero PS sindiotático de engenharia Questra, um acordo que pretende expandir as oportunidades de aplicação de produto e de mercado. O polímero de alta temperatura deve ser feito em uma nova fábrica com capacidade de produção de 40 mil toneladas/ano que está em construção em Schkopau, na antiga Alemanha Oriental. Três misturadores, Lati, LNP e RTP, já foram selecionados pelo grupo norte-americano para compor uma gama de Questra na Europa. A MA Hanna tem a extensa experiência de criar compostos termoplásticos de especialidade e poderá oferecer a resina como uma solução para os clientes que necessitam de tecnologia cristalina e dos benefícios a ela associados. O material Questra da Dow é baseado na tecnologia do catalisador metaloceno e está sendo introduzido no mercado mediante quatro temas: mais quente, mais rápido, mais leve e mais arrojado, por meio dos quais se pretende refletir suas propriedades-chave. (Artigo curto.)

122

Título: New technology drivers.

Autor: Mulhaupt, R.

Fonte: Plastverarbeiter, v. 50, n. 5, maio 1999, p. 68-70, 72, 74, 76, 79-80, 82, 84, 86.

Resumo: Os polímeros feitos de costura e de fácil formabilidade são vistos como a chave para novas aplicações e para produtos inovadores na indústria de plásticos. O desequilíbrio atual em pesquisa, a qual enfatiza a revalorização do resíduo nos custos de desenvolvimento de produto, provavelmente será corrigido. A história da ciência do polímero é revista neste artigo. A tecnologia do polímero fornece agora o desenvolvimento sustentável de produtos versáteis. Os catalisadores metaloceno de sítio único permitem que os polímeros sejam produzidos com tais propriedades, de acordo com as exigências específicas da aplicação. Os novos materiais de barreira incluem os copolímeros ciclo-olefinos (COC) e nanocompostos de argila.

123

Título: World pharmaceutical packaging markets.

Autor: Martineau, B.

Fonte: Verpack.-Rundsch., v. 50, Special Issue Interpack 99, maio 1999, p. E20, E22.

Resumo: A demanda por embalagem farmacêutica no mundo é prevista para crescer em aproximadamente 4% ao ano, ou seja, passar para US$ 14,5 bilhões em 2003. A competição e os controles de preço globais mais apertados das drogas resultarão na transformação da embalagem farmacêutica com preço mais sensível, de modo que tal demanda crescerá mais lentamente que para a medicação. Os frascos plásticos, os pacotes de *blister*, os recipientes, as tampas secundárias e os fechamentos são os maiores setores, com mais de US$ 1 bilhão de demanda para cada um. A demanda do mundo por frascos plásticos farmacêuticos crescerá 5% ao ano, passando para US$ 3,9 bilhões em 2003 – e os pacotes de *blister* crescerão 5,8% ao ano (passando para US$ 3,3 bilhões). Uma taxa de crescimento mais rápida para a embalagem farmacêutica é esperada na China, com os Estados Unidos, o Japão e a Europa Ocidental mantendo seu domínio total sobre a demanda.

108

estudo de **embalagens para o varejo**

124

Título: Medicine packaging demand up.

Autor: Anon.

Fonte: Eur. Plast. News, v. 26, n. 5, maio 1999, p. 14.

Resumo: O crescimento dos plásticos em embalagem farmacêutica nos sete maiores mercados da Europa é examinado neste texto. Toda a tendência para os pacotes de tamanho menor, pacotes *blister*, embalagem resistente a crianças e o movimento da embalagem de vidro estão contribuindo para o crescimento no setor de plásticos. O uso de plásticos rígidos e flexíveis cresceu em 3,6% e 3,4% ao ano, respectivamente, entre 1992 e 1997. Isso compreendeu US$ 222 milhões e US$ 328 milhões em termos de consumo. Pelo valor, os plásticos compreenderam 24,2% de embalagem farmacêutica. A previsão para 2004 inclui o crescimento dos plásticos rígidos, que aumentam 4,8% ao ano, e flexíveis, que aumentam cerca de 2,9% ao ano. A França assistiu a um crescimento mais rápido dos plásticos rígidos, enquanto a Alemanha presenciou um crescimento mais lento. Os povos alemães são hostis às drogas embaladas em plásticos. Para 2000, as demandas totais esperam exceder os US$ 2,5 bilhões. (Artigo curto.)

125

Título: The European flexible and flexografic markets.

Autor: Pailliez, R.

Fonte: Flexo Eur., n. 86, mar./abr. 1999, p. 48-55.

Resumo: Embalagem flexível tem 29% do mercado de embalagem europeu, visto que 82% são usados para mantimentos, 7% para medicina, 6% para farmacêuticos e 5% para produtos industriais. O uso do filme de barreira para embalagem flexível aumentou 4%, passando de 20%, em 1994, para 24%, em 1998; o filme laminado também aumentou 4%, passando de 39% para 43%; a coextrusão aumentou 2%, passando de 13% para 15%. O uso do poli(cloreto de vinila) diminuiu 8%, passando de 12% para 4%, e o uso de PET/PE diminuiu 1%, passando de 13% para 12%. Espera-se que a produção de embalagem flexível aumente 1,9% entre 1997 e 2001. Da produção inicial de embalagem, espera-se um aumento de 1,4%, de 604.655 milhões, em 1997, para 647.507 milhões, em 2002. A produção de papelão ondulado na Europa cresceu 2,9% entre 1991 e 1997, e espera-se um aumento adicional de 1,8% ao ano até 2001. Com a produção de caixas dobrando, o crescimento esperado é de 0,9% ao ano até 2001.

126

Título: Europe's rigid plastics packaging market strides onwards.

Autor: Gaster, P.

Fonte: Pap.Packag. Anal., n. 37, maio 1999, p. 41-50.

Resumo: As estatísticas para o mercado de embalagens plásticas rígidas em 1997, na Europa Ocidental, são apresentadas neste artigo. A embalagem de consumo, consistindo em recipientes a sopro, bandejas e recipientes de parede fina, bem como tampas, fechos, atuadores, bombas, válvulas e sobrecapas, é examinada, assim como a embalagem industrial, na qual se incluem cilindros, estacas, bandeja e recipiente de trânsito, recipientes e paletes de tamanho intermediário. Neste texto, o consumo de PEAD, PET, PS, PP, PVC e EPS é considerado. A estrutura internacional de comércio e indústria é ilustrada em referência aos nove convertedores líderes de plásticos rígidos e suas respectivas vendas. A versatilidade desse tipo de embalagem é esperada para assegurar sua expansão contínua, que se beneficiará do crescimento de produtos orgânicos em mercados de usuário final e na adoção de plásticos no lugar de metal, papel e placa.

127

Título: Flexible packaging – Single European market trend.

Autor: Anon.

Fonte: Converting, n. 2, fev. 1999, p. 18, 20.

Resumo: As tendências no mercado europeu para embalagem flexível são discutidas neste texto. Desde 1994, a demanda por embalagem flexível aumentou a uma taxa média de apenas 3% ao ano, com crescimento mais forte ocorrendo nos mercados de alimentos processados. Estima-se que a demanda para embalagem flexível continuará a aumentar até 2004, mas a uma taxa ligeiramente mais lenta, de 2% ao ano. A metragem total dos materiais de embalagem flexível tem aumentado 2,9% ao ano desde 1994, ficando próxima de 13 bilhões m^2, excluindo-se os embrulhos não impressos, nos quais se estima um adicional de 900 milhões m^2 de embalagem flexível usada. Os gráficos mostram a demanda total para materiais de embalagem flexível para 1992, 1997 e 2002. Uma tabela adicional traça tendências de materiais de embalagem flexível pelo tipo de material para 1992, 1997 e 2002.

128

Título: Beer could be PET market's saving grace.

Autor: Esposito, F.

Fonte: Plast. News, v. 11, n. 9, 19 abr. 1999, p. 64-65.

Resumo: O mercado de PET está se esforçando. Muitos produtores norte-americanos, sul--americanos e europeus estão cortando drasticamente os preços para abaixo dos custos das caixas, a fim de proteger sua parte do mercado dos materiais da Ásia, cujo preço fixado é bem menor. Em consequência, os preços das embalagens PET e a lucratividade têm caído vertiginosamente, e algumas companhias têm decidido sair do mercado. Os jogadores restantes esperam que o mercado de cerveja altamente cobiçado possa salvar o PET. Se os fabricantes de cerveja comprassem frascos PET, a demanda global para esse produto poderia alcançar 3,9 bilhões em 2007.

129

Título: Blow moulding market expects healthy 1999 equipment sales.

Autor: Bregar, W.

Fonte: Plast. News, v. 10, n. 48, 11 jan. 1999, p. 9, 11, 13.

Resumo: É apresentada neste artigo uma revisão no mercado de equipamento de moldagem a sopro dos Estados Unidos, onde a chegada dos frascos PET de cerveja foi aceita como uma boa notícia. A Sidel fortaleceu suas potencialidades em frascos de cerveja com a compra da indústria francesa Gebo Industries SA, produtora de sistemas transportadores de frascos de bebida. A Miller Brewing, usando frascos da Continental PET Technologies Inc., embarcou em uma experimentação de frascos PET de cerveja de 20 oz em seis cidades. Os preços do frasco PET permaneceram baixos, mas resinas de barreira mais caras e PEN continuaram a ser obstáculos aos frascos plásticos de cerveja. Um analista de embalagem vê a cerveja forçar mais os preços do frasco PET e considera os frascos plásticos de cerveja uma embalagem de nicho. A Sidel vê, ainda, um nicho imediato, no qual a cerveja em frascos PET é vendida em eventos esportivos. Um marco foi a compra da Milacron, de Uniloy, pela Johnson Controls Inc. por US$ 210 milhões. A maquinaria de moldagem a sopro Contiform da Krones está fornecendo uma nova competição para a Sidel, especialmente porque a Krones já tem experiência em linhas de produção de fornecimento à indústria de cerveja. A Krupp Kunststofftechnik abriu sua primeira fábrica de montagem nos Estados Unidos, produzindo máquinas Corpoplast para frascos PET.

130

Título: Dual ovenable trays made of CPET.

Autor: Anon.

Fonte: Packag. (Aust.) maio 1999, p. 40.

Resumo: A Lawson Marden Thermaplate introduziu uma nova gama de bandejas de forno Thermal-Tuff no mercado doméstico de reposição de refeições, moldados de plástico Eastapak, e um poli(etileno tereftalato) cristalino (CPET) da Eastman Chemical. As bandejas são moldadas em uma variedade de formas e tamanhos, dos copos únicos de servir aos recipientes de multicompartimentos de formas quadrada, retangular e redonda, usando para isso um processo patenteado de *melt-to-mould*. O plástico pode suportar temperaturas extremas e as bandejas são seladas frequentemente com um filme de tampa ou uma cúpula plástica clara. As propriedades de barreira a gás do CPET o tornam ideal para uso em embalagem de atmosfera modificada. A resistência elevada ao impacto diminui a probabilidade de que éste quebre durante a manipulação e o transporte. (Artigo curto.)

131

Título: PET packaging growth in new markets.

Autor: Gunning, P.

Fonte: Verpack. Berat., v. 43, n. 6, 1999, p. 13.

Resumo: Os frascos PET representarão 50% das embalagens de bebida em 2006, de acordo com uma pesquisa recente. Nos Estados Unidos, as embalagens PET substituíram os frascos de vidro para as bebidas carbonatadas (CSD). Os frascos PET têm também tomado 80% do mercado de água engarrafada norte-americano e japonês. Na Europa Ocidental, de 35% do mercado atual, espera-se aumentar para mais de 60% em 2006, com 64% para CSD. A Schmalbach Lubeca, na Alemanha, objetiva que seu novo frasco PET de cerveja leve uma fatia de 2% do mercado ocidental de frascos, de 55 bilhões. As propriedades de barreira melhoradas permitem que os frascos PET sejam considerados para outros produtos sensíveis ao oxigênio, tais como sucos de fruta e leite. Os frascos PET devem ter 25% do mercado de sucos de fruta em 2006 (e 45% desse mercado só nos Estados Unidos).

132

Título: PET demand stays solid despite slight fall-off.

Autor: Defosse, M. T.

Fonte: Mod. Plast. Int., v. 29, n. 1, jan. 1999, p. 52.

Resumo: Prevê-se que os frascos PET crescerão cerca de 12,9% em 2002, seguindo um crescimento de 16,3% nos anos 1990. A queda nos preços tem retardado essa elevação e os preços devem permanecer como estavam em 1999. As novas aplicações poderiam rejuvenescer rapidamente essa demanda, com notáveis oportunidades na Europa Oriental, Extremo Oriente e América Latina. A demanda deve tomar a dianteira no fornecimento desse produto para as Américas Central e do Sul. Embalagens de cerveja e água são vistas como as maiores áreas de potencial. As oportunidades emergirão com avanços em propriedades de barreira, estabilidade térmica e de aditivos. A água e as bebidas macias carbonatadas em frascos de 20 oz e de 24 oz são cada vez mais populares nos Estados Unidos. Na cerveja em que somente a metade da embalagem fosse PET, a demanda poderia dobrar, havendo um movimento para o plástico. O uso crescente do PET na Alemanha e uma tendência para frascos de viagem devem dirigir o crescimento para acima de 10%. A resistência das pessoas mais pobres diminuiu genericamente a demanda na Europa em 1998. Os preços variados e baixos romperam o mercado de PET reciclado.

133

Título: Deinking difficulties realted to ink formulation, printing process and type of paper.

Autor: Carre, B.; Magnin, L.; Galland, G.; Vernac, Y.

Fonte: Improvement of recyclability and the recycling paper industry of the future. COST Action E1 paper recyclability, Las Palmas, Gran Canaria, 24-26 nov. 1998, p. 255-289 [Madrid, Spain: Complutense University of Madrid, 1998, 523p].

Resumo: O papel recorre aos problemas específicos da descolorabilidade da tinta *offset* à base de óleo vegetal para o papel de impressão de jornal, da tinta vermelha de rotogravura e do papel *heat-set*. As condições experimentais para testes de descoloração são apresentadas neste texto. A tinta vegetal melhorada, cuja descolorabilidade tinha sido alterada por mudanças no tipo de resina, propiciou melhores resultados em termos de brilho e de índice de tinta. A tinta *offset* à base de óleo vegetal convencional requereu condições otimizadas de mistura e pós-flutuação adicional. Os métodos que envolvem mudanças em formulações da tinta vermelha não foram tão bem-sucedidos, embora algumas conclusões fossem tiradas, como a redução do sangramento. O fator com maior impacto na descoloração de impressões *offset* de ajuste a quente tem demonstrado que deve ser amadurecido.

134

Título: Melitta sells Biotec to US company.

Autor: Anon.

Fonte: Eur., Plast. News, v. 26, n. 5, maio 1999, p. 24.

Resumo: A Melitta, empresa de produtos de café, vendeu a Biotec, seu produtor alemão de plástico biodegradável à base de amido, para a empresa norte-americana E. Khashoggi Industries. A Biotec prevê um financiamento mais forte em pesquisa e desenvolvimento como uma consequência dessa venda. A Khashoggi já possui a maioria das ações na companhia norte-americana EarthShell, que desenvolve embalagem biodegradável e solúvel para a indústria de alimentos e planeja vender a embalagem em forma de concha para o McDonalds. (Artigo curto.)